淮河流域 节水型 与 社会建设 制度体系研究

Huai He Liu Yu Jie Shui Xing She Hui Jian She Yu

zhi du ti xi yan jiu

□ 徐邦斌 王式成 著

合肥工业大学出版社

前　言

　　水是生命之源、生产之要、生态之基，水资源是人类生存和发展的基础，是经济社会可持续发展的重要物质保障。淮河流域是水资源短缺、水旱灾害频繁、水污染严重的地区，水资源利用方式粗放，水资源利用整体效率不高。近年来，随着流域经济社会的快速发展和城镇化水平的不断提高，经济社会发展对水资源需求的增加，淮河流域水资源供需矛盾日趋加剧，水资源短缺已成为流域经济社会可持续发展的重要制约因素。因此，加强节约用水，提高用水效率将是实现淮河流域水资源可持续利用和解决水资源短缺问题的有效途径。

　　建设节水型社会是《中华人民共和国水法》确立的关于水资源管理的一项重要制度。加强用水效率控制红线管理，全面推进节水型社会建设，是实行最严格水资源管理制度的重要内容之一。党的十八大报告提出"坚持科学发展观，坚持全面协调可持续发展，形成节约能源资源和保护生态环境的产业结构、增长方式、消费模式"，这对节水型社会建设提出了新的更高的要求。《国务院关于实行最严格水资源管理制度的意见》明确提出"加强用水效率控制红线管理，全面推进节水型社会建设，全面加强节约用水管理"。通过节水型社会建设，促进人与水和谐相处，改善生态环境，实现水资源可持续利用，保障经济社会可持续发展。

　　节水型社会建设，除确立节水观念之外，根本上还是要在社会的各个层面加强节水体制、制度和措施建设。节水型社会建设的实质决定了节水型社会建设应以法律制度建设为核心，应将其体制和制度法律化，在管理体制和制度的前提下制定具体的措施和方案。节水型社会建设的核心任务是形成安全、高效和可持续的水资源利用与管理机制，关键在于制度建设。淮河流域各地通过开展节水型社会试点建设，积极探索符合本地区特点的节水型社会建设途径，初步建立了节水型社会建设的制度体系，但在流域层面上节水管理制度还有待完善。因此，开展淮河流域节水管理制度研究，构建节水型社会建设制度体系，对于加强淮河流域水资源管理、推进淮河流域节水型社会建设具有重要意义。

本书共分三个部分。第一部分是淮河流域节水型社会建设的实践，包括节水型社会建设的基本内容、淮河流域节水型社会建设面临的形势、淮河流域节水型社会建设试点实践；第二部分是淮河流域节水型社会建设评价指标体系研究，包括淮河流域节水型社会建设指标评价方法、指标体系构建、典型示范评估；第三部分是淮河流域节水型社会建设制度体系研究，包括节水型社会法律制度建设概况及其分析、淮河流域现有节水管理制度评价、国内外流域节水制度比较分析、流域管理机构节水管理职能界定、淮河流域节水管理制度的总体设计与完善。

节水型社会建设是一项复杂的系统工程，涉及面非常广泛。本书是关于流域节水型社会建设理论与实践的专著，对于开展流域节水型社会建设指标评价、完善流域节水管理制度、推进流域节水型社会建设具有一定的指导作用，研究成果可供从事节水管理和水资源管理的工作者参考，也可供水利、水资源、资源与环境管理等专业的科研、教育、管理等部门的人员使用，期望能为读者提供有益的帮助。

本书在编写过程中参阅和引用了有关资料成果，还曾得到有关领导、专家及同行的支持和帮助，在此谨表真诚的谢意！由于作者水平有限，书中难免存在疏漏或不妥之处，敬请广大读者批评指正。

作　者

2014 年 9 月

目　录

中篇　淮河流域节水型社会建设指标体系研究

下篇　淮河流域节水型社会建设制度体系研究

上　篇
淮河流域节水型社会建设实践

第1章 淮河流域概况及水资源情势

1.1 自然地理

1.1.1 地形地貌

淮河流域地处我国东部，位于东经 $111°55'\sim121°20'$，北纬 $30°55'\sim36°20'$。流域西起桐柏山、伏牛山，东临黄海，南以大别山、江淮丘陵、通扬运河及如泰运河南堤与长江流域分界，北以黄河南堤和沂蒙山与黄河流域、山东半岛毗邻，面积约27万 km^2。淮河流域总的地形为由西北向东南倾斜，淮南山丘区、沂沭泗山丘区分别向北、向南倾斜。流域西、南、东北部为山区，约占流域总面积的1/3；其余为平原、湖泊和洼地，约占2/3。

1.1.2 水文地质

淮河流域局部地区下部富存有古生代碳酸盐岩类岩溶水，其中以中奥陶系马家沟灰岩地下水的入渗及贮存条件较好，水量丰富，水质较好，分布于河南密县，安徽淮北市，江苏徐州市，山东济南、莱芜、淄博、枣庄市等地。平原区多为孔隙水，上部属第四纪地质，浅层地下水分布于地面以下 $40\sim60m$ 深度；在此以下存在中深层承压水，淮北西部呈自流水分布。平原区浅层地下水埋深，除因地下水开发利用程度较高形成超采漏斗区外，淮北平原地下水埋深一般为 $2\sim4m$，东部地下水埋深为 $1\sim3m$，山前平原及山间盆地地下水埋深一般为 $3\sim8m$，丘陵岗地一般大于 $8m$。

1.1.3 水文气象

淮河流域地处我国南北气候的过渡带，具有四季分明、气候温和、夏季湿热、冬季干冷、春季天气多变和秋季天高气爽的特点。流域北部属于暖温带半湿润季风气候区，为典型的北方气候，冬半年比夏半年长，过渡季节短，空气干燥，年内气温变化大；流域南部属于亚热带湿润季风气候区，夏半年比冬半年长，空气湿度大，降水丰沛，气候温和。淮河区多年平均气温为 12℃～16℃，由北向南，由沿海向内陆递增。

淮河流域多年平均降水量为 875mm，降水量的地区分布不均，表现为南部大、北部小，山丘区大、平原区小，沿海大、内地小。降水量的年际变化较为剧烈，主要表现为最大与最小年降水量的比值（即极值比）较大。在流域面上，极值比还表现出南部小于北部、山区小于平原、淮北平原小于滨海平原的特点。降水年内分配不均，淮河上游和淮南山区，雨季集中在 5～9 月，其他地区集中在 6～9 月。6～9 月为淮河流域的汛期，多年平均汛期降水 400～900mm，占全年总量的 50%～75%。降水集中程度自南往北递增。

淮河流域多年平均水面蒸发量为 650～1150mm。蒸发量地区分布呈现自南往北递增的趋势，南部大别山蒸发量最小。水面蒸发量年际变化及其地区差异较降水量变化小，总体上北部变幅大于南部。

1.1.4　河流水系

淮河流域由淮河及沂沭泗两大水系组成，废黄河以南为淮河水系，以北为沂沭泗水系。京杭大运河、分淮入沂水道和徐洪河贯通其间，沟通两大水系。

淮河水系集水面积约 19 万 km²，约占流域总面积的 71%。淮河干流发源于河南省南部桐柏山，自西向东流经河南、安徽、江苏，至江苏省的三江营入长江，全长约 1000km，总落差 200m。淮河上中游支流众多。南岸支流都发源于大别山区及江淮丘陵区，源短流急，流域面积较大的河流有浉河、白露河、史河、淠河、东淝河、池河等；北岸支流主要有洪汝河、沙颍河、涡河、漴潼河、新汴河、奎濉河等。淮河下游，洪泽湖出口除干流汇入长江以外，还有苏北灌溉总渠、入海水道和向新沂河相机分洪的淮沭新河；里运河以西为湖区，白马湖、宝应湖、高邮湖、邵伯湖自北向南呈串状分布；里运河以东为里下河和滨海区，河湖稠密，主要入海河道有射阳河、黄沙港、新洋港和斗龙港等。

沂沭泗水系发源于山东沂蒙山，由沂河、沭河和泗河组成，总集水面积近 8 万 km²。沂河发源于沂源县鲁山南麓，流域面积约 1.7 万 km²，自北向南流经临沂，至江苏境内入骆马湖。沭河发源于沂山南麓，流域面积6000 多 km²，与沂河并行南流，至大官庄分成两条河，南流的为老沭河，经江苏新沂市入新沂河；东流的为新沭河，经江苏省石梁河水库至临洪口入海。

淮河流域湖泊众多。水面面积约 7000km²，占流域总面积的 2.6%，总蓄水能力约 280 亿 m³，其中兴利库容约 66 亿 m³。淮河流域中较大的湖泊，淮河水系有洪泽湖、高邮湖和邵伯湖等，沂沭泗水系有南四湖、骆马湖。

1.2　经济社会

淮河流域跨湖北、河南、安徽、江苏、山东五省，涉及 40 个地级市，169 个县（市）。流域总人口 1.7 亿人，约占全国总人口的 13%。流域平均人口密度为 631 人/km²，是全国平均人口密度的 4.5 倍。耕地 1.9 亿亩，占全国耕地面积的 11.7%，人均耕地面积 1.12 亩。

淮河流域在我国国民经济中占有十分重要的战略地位，区内矿产资源丰富、品种繁多，其中分布广泛、储量丰富、开采和利用历史悠久的矿产资源有煤、石灰岩、大理石、石膏、岩盐等。煤炭资源主要分布在淮南、淮北、豫东、豫西、鲁南、徐州等矿区，探明储量为 700 亿吨，煤种齐全，质量优良。石油、天然气分布区主要在中原油田延伸区和苏北淮河以南地区，河南兰考和山东东明是中原油田延伸区；苏北已探明的油气田主要分布在金湖、高邮、溱潼三个凹陷。

淮河流域交通发达。京沪、京九、京广三条南北铁路大动脉从流域东、中、西部通过，著名的欧亚大陆桥——陇海铁路及晋煤南运的主要铁路干线新（乡）石（臼）铁路横贯流域北部；流域内还有蚌（埠）合（肥）铁路，以及新（沂）长（兴）、宁西等铁路。流域内公路四通八达，近年来高等级公路建设发展迅速。连云港、日照等大型海运港口直达全国沿海港口，并通往国外。内河水运南北向有年货运量居全国第二的京杭运河，东西向有淮河干流；平原各支流及下游水网区水运也很发达。

淮河流域的工业以煤炭、电力、食品、轻纺、医药等工业为主，近年来化工、化纤、电子、建材、机械制造等有很大的发展。

淮河流域气候、土地、水资源等条件较优越，适宜于发展农业生产，是我国重要的粮、棉、油主产区之一。淮河流域农作物分为夏、秋两季，夏季主要种植小麦、油菜等，秋季主要种植水稻、玉米、薯类、大豆、棉花、花生等作物。有效灌溉面积 1.4 亿亩，约占全国有效灌溉面积的

16.5%，耕地灌溉率74.6%。

1.3　水资源及其开发利用现状

1.3.1　水资源基本情况

淮河流域水资源时空分配不均。淮河流域降水年内分配不均，淮河流域降水量70%左右集中在汛期（6～9月），最大、最小月降水量相差悬殊；年际丰枯变化剧烈，最大最小月径流比为5～30倍之间，年降水量变差系数较大。

淮河流域1956～2000年多年平均地表水资源量约595亿 m^3 ，其中70%左右集中在汛期（6～9月）。淮河流域多年平均浅层地下水（M≤2g/L）资源量为338亿 m^3 ，其中平原区257亿 m^3 ，山丘区87亿 m^3 。淮河流域多年平均水资源总量约794亿 m^3 ，其中地表水占75%；地下水资源量扣除与地表水资源量的重复水量为199亿 m^3 ，占水资源总量的25%。淮河流域多年平均入海水量约286亿 m^3 ，多年平均入江水量约42亿 m^3 。淮河流域多年平均地表水资源可利用量为289.542亿 m^3 ，可利用率为48.7%。

1.3.2　水资源开发利用现状

淮河流域供水水源主要为地表水、地下水、跨流域调水和其他水源。现状年总供水量512亿 m^3 ，其中地表水占73.1%；地下水占26.7%；海水淡化、污水处理回用、雨水集蓄利用等其他水源利用量仅占0.2%。淮河流域供水结构变化的趋势是：当地地表水供水比重下降，地下水供水比重增加，跨流域调水比重逐年增加，其他水源供水量较小但增势较快。近20年多年来，淮河流域现状总用水量为512亿 m^3 ，其中农业用水占72%。用水总量总体呈增长趋势，增长速率放缓。用水结构发生较大变化，工业、生活用水量迅速增长，农业用水基本保持稳定。

淮河流域当地地表水开发利用率为44.4%，中等干旱以上年份地表水资源供水量接近当年地表水资源量，已严重挤占河道、湖泊生态环境用水；浅层地下水开发利用率为58.4%。

1.3.3　水资源情势

（1）水资源短缺将是长期面临的形势

淮河流域水资源赋存条件和生态环境状况并不优越，人口众多，经济社会发展迅速，水资源分布与经济社会发展布局不相匹配，加之部分地区在追求经济增长过程中，对水资源的保护力度不够，加剧了水资源短缺、水环境和水生态恶化。随着人口增长、经济社会快速发展，水资源供需矛盾愈加突出，水资源短缺将是制约流域经济社会可持续发展的瓶颈。

（2）用水效率和效益不高，用水结构需进一步调整

随着经济布局和产业结构的调整以及技术创新、节水灌溉技术的推广应用，水资源利用效率虽有所提高，但与国际先进水平相比，用水效率和效益总体较低，用水方式粗放、用水浪费等问题仍然突出。许多地区由于缺水与用水浪费并存，更加剧了水资源供需矛盾。总体而言，淮河流域用水效率偏低，用水结构需进一步调整。

（3）水污染问题较为突出，水生态系统安全受到威胁

淮河流域水污染防治虽然取得初步成效，但局部地区水污染问题仍很突出。工业废水排放达标率不高，城市废污水处理程度较低，非点源污染日渐突出且缺乏有效的防治。部分河流水质尚未达到水功能区水质的目标要求，特别是一些淮北主要支流水污染还比较严重。水污染使部分水体功能下降甚至丧失，河道内季节性有水无流或河干的现象较为普遍，许多河道因水体污染和水资源短缺使水生生物资源遭受严重破坏。

（4）水资源基础设施建设滞后，开发过度与开发不足并存

淮河流域水资源供水工程多建于 20 世纪 60 年代和 70 年代，经过多年的运行，大多工程存在老化失修问题，供水能力严重不足；部分地区供水和水源结构不合理，供水保障程度降低，区域间水资源开发利用程度差别较大，开发过度与开发不足并存，水资源基础设施建设滞后于经济社会发展的需要。

第2章 节水型社会建设的基本内容

2.1 节水型社会建设的内涵

节水型社会指人们在生活和生产过程中，对水资源的节约和保护意识得到了极大提高，并贯穿于水资源开发利用的各个环节。在政府、用水单位和公众的参与下，以完备的管理体制、运行机制和法律体系为保障，通过法律、行政、经济、技术和工程等措施，结合社会经济结构的调整，实现全社会的合理用水和高效益用水。

节水型社会建设的内涵应包括以下相互联系的四个方面：

（1）从水资源的开发利用方式上，节水型社会是把水资源的粗放式开发利用转变为集约型、效益型开发利用的社会，是一种资源消耗低、利用效率高的社会运行状态。

（2）在管理体制和运行机制上，涵盖明晰水权、统一管理，建立政府宏观调控、流域民主协商、准市场运作和用水户参与管理的运行模式。

（3）从社会产业结构转型上看，节水型社会又涉及节水型农业、节水型工业、节水型城市、节水型服务业等具体内容，是由一系列相关产业组成的社会产业体系。

（4）从社会组织单位看，节水型社会又涵盖节水型家庭、节水型社区、节水型企业、节水型灌区、节水型城市等组织单位，是由社会基本单位组成的社会网络体系。

节水型社会建设是一个平台，通过这个平台来探索和实现新时期水利工作从工程水利向资源水利的根本性转变；探索和实现新时期治水思路和治水理念的大跨越；探索和实现从传统粗放型用水向提高用水效益和效率转变；探索和实践人水和谐、人与自然和谐的新方法。

节水型社会的本质特征是建立以水权、水市场理论为基础的水资源管理体制，形成以经济手段为主的节水机制，建立起自律式发展的节水模式，不断提高水资源的利用效率与效益，促进经济、资源、环境协调发展。节水型社会和通常说的节水都是提高水资源的效率和效益，但传统的节水更偏重于节水工程设施和节水技术，侧重于挖掘潜力，主要是通过行政手段来推动，而节水型社会主要通过制度建设来推动，注重经济手段的运用。节水型社会制度建设要解决的是全社会的节水动力和节水机制问题，使各行业乃至全社会受到普遍约束，都需要去节水，愿意去节水，使节水成为一种用水户自觉、自发的长效行为。

节水型社会建设的核心就是通过体制创新和制度建设，建立起以水权管理为核心的水资源管理制度体系、与水资源承载能力相协调的经济结构体系、与水资源优化配置相适应的水利工程体系；形成政府调控、市场引导、公众参与的节水型社会管理体系，形成以经济手段为主的节水机制，树立自觉节水意识及其行为的社会风尚，切实转变全社会对水资源的粗放利用方式。

节水型社会建设的实质是一个科学技术问题，还是一个社会问题，这是一直以来争论的一个问题。从各地建设节水型社会的实践看，节水型社会的制度建设主要解决全社会的节水动力和节水机制问题。动力来自两个方面，一是靠社会成员内心的自觉，是观念的引导；二是靠外部制度的规范和激励，与观念结合发挥直接的作用。节水型社会建设离不开科学技术，但归根结底是一个社会问题，节水科学技术为社会广泛认可和普遍采用必须依托节水观念的引导和制度的规范。一是节水观念的确立。节水型社会建设，首先要进行宣传教育，使得全社会都能了解我国的基本水情，了解我国水资源短缺的严峻形势，从而增强节水意识，确立节水观念，自觉节水。二是节水体制、制度和措施建设。节水型社会建设，除确立节水观念之外，根本上还是要在社会的各个层面加强节水体制、制度和措施建设。在宏观层面，建立一整套促进水资源节约的体制，包括国家管理体制和规划体制，实现在宏观上水资源的合理配置，建立水权制度，实现全社会目的明确地推进节水型社会的建设；在中观层面，建立流域、地方节水法律制度，建立水权交易制度，通过水权流转实现对水资源的最佳配置；在微观层面，根据各地的实际情况，在法律和规划的前提下，制定节约、保护水资源的措施和方案，使社会各个行业、社会全体成员在体制和制度的规范之下，依据措施的具体要求，广泛参与到节水活动中，享有权利和承担义务。

2.2 节水型社会建设的提出和推进

1988 年 7 月，《中华人民共和国水法》颁布实施，明确规定国家实行计划用水，厉行节约用水，各级人民政府应当加强对节约用水的管理，各单位应当采用节约用水的先进技术，降低水的消耗量，提高水的重复利用率。

1996 年 7 月，为加强取水许可制度实施的监督管理，促进计划用水、节约用水，水利部颁布《取水许可监督管理办法》。

2000 年 10 月，中国共产党第十五届五中全会通过的《中共中央关于制定国民经济和社会发展第十个五年计划的建议》中指出"水资源可持续利用是我国经济社会发展的战略问题，核心是提高用水效率，把节水放在突出位置"。明确提出"大力推进节约用水措施，发展节水型农业、工业、服务业，建设节水型社会"。

2002 年 2 月，水利部印发了《关于开展节水型社会建设试点工作指导意见》，指出"为加强水资源管理，提高水的利用效率，建设节水型社会，我部决定开展节水型社会建设试点工作。通过实践建设，取得经验，逐步推广，力争 10 年左右的时间，初步建立起我国节水型社会的法律法规、行政管理、技术经济政策和宣传教育体系"，强调试点工作的重要性。2002 年 3 月，甘肃省张掖市被确定为全国第一个节水型社会建设试点。

2002 年 10 月，修订后的《中华人民共和国水法》颁布实施，新水法把节约用水放在突出位置，增加了节约用水条款，明确规定"国家厉行节约用水"，明确要求"发展节水型农业、工业、服务业，建立节水型社会"，规定了"开源与节流相结合，节流优先的原则"，其核心是提高水的利用效率。新水法明确了节水"三同时"原则，为节水型社会全面建设提供了法律保障。

2003 年 12 月，水利部印发《关于加强节水型社会建设试点工作的通知》，要求各地区在开展实行社会建设工作中学习张掖经验，因地制宜确定试点，积极探索节水型社会建设途径。

2004 年 9 月，水利部以《关于印发节水型社会建设规划编制导则的通知》规范了节水型社会建设的编制，同时也对试点地区节水型社会建设规划编制相关工作提出了技术要求。

2005 年 4 月，国家发改委、科技部、水利部、建设部、农业部联合制定了《中国节水技术政策大纲》，指导节水技术的开发和推广应用，推动技术进步，提高用水效率和效益，促进水资源的可持续利用。

2006年4月，国务院发布《取水许可和水资源费征收管理条例》（国务院令第460号），从取水环节规定了节约用水的有关内容，对加强水资源的管理和保护、促进水资源的节约与合理开发利用起到了至关重要的作用。

2006年12月，国家发改委、水利部、建设部联合印发《节水型社会建设"十一五"规划》，明确了"十一五"期间我国节水型社会建设的目标、任务和工作重点。

2008年3月，第十一届全国人大第一次会议审议通过《国务院机构改革方案》，明确水利部负责节约用水工作，拟定节约用水政策，编制节约用水计划，制定有关标准，指导和推动节水型社会建设工作。

2008年6月，为进一步规范和指导节水型社会建设规划编制工作，水利部组织修订了《节水型社会建设规划编制导则》并印发实施，对试点地区开展节水型社会建设规划编制工作提出技术要求。

2011年1月，《中共中央　国务院关于加快水利改革发展的决定》发布，文件明确要求"把严格水资源管理作为加快经济发展方式转变的战略举措，大力发展民生水利，不断深化水利改革，加快节水型社会建设，促进水利可持续发展，努力走出一条中国特色水利现代化道路"。

2012年1月，《国务院关于实行最严格水资源管理制度的意见》发布实施，文件要求全面加强节约用水管理，要求各级人民政府切实履行推进节水型社会建设的责任，把节约用水贯穿于经济发展和群众生活、生产的全过程，建立有利于节约用水的体制和机制。

2012年1月，水利部印发《节水型社会建设"十二五"规划》，明确了"十二五"期间我国节水型社会建设的目标和任务。

2012年11月，党的十八大报告指出，"加强水源地保护和用水总量管理，推进水循环利用，建设节水型社会"，强调要完善最严格水资源管理度。

2013年1月，国务院出台《实行最严格水资源管理制度考核办法》，是国务院为加快落实最严格水资源管理制度做出的又一重大决策。考核的内容包括各省区最严格水资源管理制度目标完成情况，详细列出了各省区用水总量、用水效率、重要江河湖泊水功能区水质达标率控制目标。

2013年1月，水利部印发《关于加快推进水生态文明建设工作的意见》，提出要强化节约用水管理，把节约用水贯穿于经济社会发展和群众生产生活全过程，进一步优化用水结构，切实转变用水方式。

2013年9月，工业和信息化部、水利部、国家统计局、全国节约用水办公室联合印发《重点工业行业用水效率指南》，要求各地结合本地区、本行业实际，按照《重点工业行业用水效率指南》规定，指导工业企业开展对标达标，加强节水技术改造，推进节水型企业建设。

2013年10月，水利部、国家机关事务管理局、全国节约用水办公室联合印发《关于开展公共机构节水型单位建设工作的通知》，要求各地以提高用水效率为核心，建成一批"制度完备、宣传到位、设施完善、用水高效"的节水型单位，引导全社会提高节水意识，为建设资源节约型、环境友好型社会做出贡献。

2.3 节水型社会建设的指导思想与基本原则

2.3.1 指导思想

全面贯彻科学发展观，落实节约资源基本国策，以提高水资源利用效率和效益为核心，以水资源统一管理体制为保障，以制度创新为动力，以转变经济增长方式、调整经济结构、加快技术进步为根本，转变用水观念、创新发展模式，充分发挥市场对资源配置的基础性作用，建立政府调控、市场引导、公众参与的节水型社会体系，综合采取法律、经济和行政等手段，促进经济社会发展与水资源相协调，为全面建设小康社会提供水资源保障。

2.3.2 基本原则

（1）坚持以人为本，促进协调发展

合理配置水资源，协调生活、生产、生态用水，优先保障居民基本生活用水；创新发展模式，转变增长方式，改变用水观念，提高用水效率，实现人与自然和谐，促进经济、资源、环境协调发展。

（2）坚持政府主导，全民共同参与

发挥政府的宏观调控和主导作用，将节水型社会建设纳入国民经济和社会发展规划，落实目标责任并建立绩效考核制度；充分发挥市场在资源配置中的基础性作用，逐步形成市场引导的节水机制；鼓励社会公众广泛参与节水型社会建设，形成自觉节水的良好风尚。

（3）坚持制度创新，规范用水行为

通过改革体制、健全法制、完善机制，建立完善的促进水资源高效利用的制度，规范用水行为，实现水资源的有序开发、有限开发、有偿开发和高效利用。

（4）坚持节水减污，促进循环使用

源头控制与末端控制相结合，以节水促减污，以限排促节水；按照减量化、再利用、资源化的要求，建立全社会的水资源循环利用体系，抑制用水过快增长，减少废污水排放量，提高水资源利用效率，改善水环境和生态恶化的状况。

（5）坚持科技创新，促进高效利用

充分发挥科技的先导作用，用先进的节水技术改造现有的水资源利用工程设施；大力研发推广节水新技术、新设备、新产品和新材料，淘汰落后、低效的用水设备、工艺和技术，促进水资源高效利用。

（6）坚持统筹规划，加强分类指导

以流域为单元，在统筹规划的基础上，明晰各级行政区域的初始水权，实施用水总量控制和定额管理；加强分类指导，根据区域水资源条件和经济社会发展状况，因地制宜地采取合理的节水措施，推进节水型社会建设。

2.4　节水型社会建设的目标和任务

2.4.1　节水型社会建设的目标

水利部《节水型社会建设"十二五"规划》的总体目标是：到 2015 年，节水型社会建设取得显著进展，水资源利用效率和效益不断提高，重点地区河段和重点湖泊水体质量恶化的趋势得到有效遏制，河湖水体功能状况得到改善。全国万元国内生产总值用水量下降 30%，全国万元工业增加值用水量下降 30%，全国灌溉水利用系数提高到 0.52。各省（自治区、直辖市）根据当前水资源开发利用存在的主要问题以及经济社会可持续发展对水资源可持续利用的总体要求，在水资源合理配置的基础上，综合考虑本地区水资源供需态势、生态环境状况、节水潜力、经济技术发展水平以及节水工作的重点等，合理确定本地区节水型社会建设"十二五"规划的目标及相关指标，包括用水总量控制指标、用水效率控制指标以及水功能区限制纳污指标。

《节水型社会建设"十二五"规划》提出的全国节水型社会建设的战略性任务是健全以水资源总量控制与定额管理为核心的水资源管理体系，

完善与水资源承载能力相适应的经济结构体系，完善水资源优化配置和高效利用的工程技术体系，完善公众自觉节水的行为规范体系。各省（自治区、直辖市）应在总结"十一五"节水型社会建设及试点经验的基础上，结合区域经济发展方式转变和实行最严格水资源管理制度对节水工作提出的新要求，以水资源高效、可持续利用为主线，以制度建设为核心，以节水工程建设为重点，全面发挥节水型社会建设试点的示范带动作用，突出全方位、全过程的节水减排，合理确定区域节水型社会建设"十二五"规划的主要任务。

《国务院关于实行最严格水资源管理制度的意见》（国发〔2012〕3号）确立了用水效率控制红线。到2015年，万元工业增加值用水量比2010年下降30%以上，农田灌溉水有效利用系数提高到0.53以上；到2030年用水效率达到或接近世界先进水平，万元工业增加值用水量（以2000年不变价计，下同）降低到40m³以下，农田灌溉水有效利用系数提高到0.6以上。同时，该意见还提出"加强用水效率控制红线管理，全面推进节水型社会建设"。具体内容如下：

一是全面加强节约用水管理。各级人民政府要切实履行推进节水型社会建设的责任，把节约用水贯穿于经济社会发展和群众生活生产全过程，建立健全有利于节约用水的体制和机制。稳步推进水价改革。各项引水、调水、取水、供用水工程建设必须首先考虑节水要求。水资源短缺、生态脆弱地区要严格控制城市规模过度扩张，限制高耗水工业项目建设和高耗水服务业发展，遏制农业粗放用水。

二是强化用水定额管理。加快制定高耗水工业和服务业用水定额国家标准。各省、自治区、直辖市人民政府要根据用水效率控制红线确定的目标，及时组织修订本行政区域内各行业用水定额。对纳入取水许可管理的单位和其他用水大户实行计划用水管理，建立用水单位重点监控名录，强化用水监控管理。新建、扩建和改建建设项目应制订节水措施方案，保证节水设施与主体工程同时设计、同时施工、同时投产（即"三同时"制度），对违反"三同时"制度的，由县级以上地方人民政府有关部门或流域管理机构责令停止取用水并限期整改。

三是加快推进节水技术改造。制定节水强制性标准，逐步实行用水产品用水效率标识管理，禁止生产和销售不符合节水强制性标准的产品。加大农业节水力度，完善和落实节水灌溉的产业支持、技术服务、财政补贴等政策措施，大力发展管道输水、喷灌、微灌等高效节水灌溉。加大工业节水技术改造，建设工业节水示范工程。充分考虑不同工业行业和工业企

淮河流域节水型社会建设与制度体系研究

业的用水状况和节水潜力，合理确定节水目标。有关部门要抓紧制定并公布落后的、耗水量高的用水工艺、设备和产品淘汰名录。加大城市生活节水工作力度，开展节水示范工作，逐步淘汰公共建筑中不符合节水标准的用水设备及产品，大力推广使用生活节水器具，着力降低供水管网漏损率。鼓励并积极发展污水处理回用、雨水和微咸水开发利用、海水淡化和直接利用等非常规水源开发利用。加快城市污水处理回用管网建设，逐步提高城市污水处理回用比例。非常规水源开发利用纳入水资源统一配置。

2.4.2 节水型社会建设的主要任务

（1）建立健全节水型社会管理体系

完善促进节约用水的法律法规体系，通过制度建设规范用水行为。开展流域管理体制改革试点，完善流域管理与区域管理相结合的水资源管理体制。研究提出水资源宏观分配指标和微观取水定额指标，推进国家水权制度建设，全面实行区域用水总量控制与定额管理。严格取、用、排水的全过程管理，实行源头控制与末端控制相结合的管理；强化取水许可和水资源有偿使用；全面推进计划用水，加强用水计量与监督管理；加强水功能区和退排水管理，建立健全节水型社会管理体系。

完善节水激励政策。发挥市场机制在资源配置中的基础性作用，利用经济杠杆对用水需求进行调节，注重运用价格、财税、金融等手段促进水资源的节约和高效利用，实现水资源的合理配置。扩大水资源费征收范围，提高水资源费征收标准；稳步推进水价改革，建立合理的水价形成机制，形成"超用加价，节约奖励"的机制，促进节约用水，保护水资源。

（2）建立与水资源承载能力相协调的经济结构体系

落实节约资源和保护环境的基本国策，逐步建立与水资源和水环境承载能力相适应的国民经济体系。建立自律式发展的节水机制，在产业布局和城镇发展中充分考虑水资源条件；控制用水总量，转变用水方式，提高用水效率，减少废污水排放，降低经济社会发展对水资源的过度消耗和对水环境与生态的破坏。

对水资源短缺地区要实行严格的总量控制，控制需求的过快增长，通过节约用水和提高水的循环利用，满足经济社会发展的需要。现状水资源开发利用挤占生态环境用水的地区，要通过节约使用和优化配置水资源，逐步退减经济发展挤占生态环境的水量，修复和保护河流生态和地下水生态；对水资源丰富地区，要按照提高水资源利用效率的要求，严格用水定额，控制不合理的需求，通过节水减少排污量，保护水环境；在生态环境脆弱地区，要按照保护优先、有限开发、有序开发的原则，加强对生态环境的保护，严禁浪费资源、破坏生态环境的开发行为。

（3）完善水资源高效利用的工程技术体系

加大对现有水资源利用设施的配套与节水改造，推广使用高效用水设施和技术，完善水资源高效利用工程技术体系，逐步建立设施齐备、配套完善、调控自如、配置合理、利用高效的水资源安全保障体系，保障经济社会可持续发展。通过工程措施合理调配水资源，发挥水资源的综合效益；对地表水与地下水、本地水与外调水、新鲜水和再生水进行联合调配。通过采取调整用水结构、提高地下水资源费征收标准等多种调控手段，促进水资源配置趋于合理，逐步控制地下水超采。

加大力度推进大中型灌区的续建配套和节水改造，加强小型农田水利基础设施建设，完善灌溉用水计量设施。因地制宜，在有条件的地区积极采取集雨补灌、保墒固土、生物节水、保护性耕作等措施，大力发展旱作节水农业和生态农业。加快对高用水行业的节水技术改造，采用先进的节水技术、工艺和设备，提高工业用水的重复利用率，逐步淘汰技术落后、耗水量高的工艺、设备和产品。新建、扩建、改建建设项目应按照要求配套建设节水设施，并与主体工程同时设计、同时施工、同时投产。加快对跑冒滴漏严重的城市供水管网的技术改造，降低管网漏失率；提高城市污水处理率，完善再生水利用的设施和政策，鼓励使用再生水，扩大再生水的利用规模；加强城镇公共建筑和住宅节水设施建设和节水器具的普及，推广中水设施建设。

（4）建立自觉节水的社会行为规范体系

建设节水型社会是全社会的共同责任，需要动员全社会的力量积极参与。加强宣传教育，营造氛围，充分利用各种媒体，大力宣传水资源和水环境形势以及建设节水型社会的重要性，宣传资源节约型、环境友好型社会建设的发展战略，节约用水的方针、政策、法规和科学知识等，使每一个公民逐步形成节约用水的意识，养成良好的用水习惯。强化节水的自我约束和社会约束，建设与节水型社会相符合的节水文化，倡导文明的生产和消费方式，逐步形成"浪费水可耻、节约水光荣"的社会风尚，建立自觉节水的社会行为规范体系。

要逐步建立和完善群众参与节水型社会建设的制度。通过建立机制、积极引导，鼓励成立各类用水户协会，参与水量分配、用水管理、用水计量和监督等工作；要规范用水户管理制度，形成民主选举、民主决策、民主管理、民主监督的工作机制。

第3章 节水型社会建设面临的形势

3.1 节水型社会建设面临的形势

3.1.1 节水型社会建设亟待全面深入推进

"十二五"期间是我国建设小康社会的关键时期,国家要把建设资源节约型、环境友好型社会作为加快转变经济发展方式的重要着力点,把实行最严格水资源管理制度作为加快转变经济发展方式的重要举措。目前,我国节水型社会建设发展很不平衡,部分地区对节水型社会建设重视程度还不够,一些地区还没有将节水型社会建设纳入政府考核体系,部门职责不够明确。节水型社会建设主要靠水行政主管部门来推动,离全面节水要求还有很大差距。水资源高效利用的工程技术体系还不够完善,先进实用的高效节水技术开发和推广应用力度还不够,缺乏技术科技创新的有效激励机制。取水、用水、排水的计量与监测设施还不健全,水资源监控能力建设亟待提高。节水型社会试点的经验需要进一步推广,试点的示范和辐射带动作用有待进一步发挥。

节水法律法规体系还不够完善,节水管理体制机制与全面建设节水型社会的要求还不适应。农业、工业、服务业等相关行业的节水工作尚未实现统一管理,节水主体还不明确,监督和处罚措施力度不够。现有的节水制度体系与实行最严格水资源管理制度的要求存在差距,有待进一步健全,已有的节水政策法规与制度没有完全得到落实。节水型社会建设缺乏稳定的投入机制,农业节水投资主要搞国家财政,工业节水改造投入总体不足,渠道单一;城镇生活及服务业节水投入不稳定,缺乏长效投入的激励机制。

3.1.2 加快经济发展方式转变对节水型社会建设提出了新要求

2005年国务院发布了关于实施《促进产业结构调整暂行规定》的决定(国发〔2005〕40号),提出建设资源节约和环境友好型社会。党的十八大报告提出要加快转变经济发展方式。淮河流域淮河以北地区水资源紧缺，但是部分城市高耗水工业（火电、石油、化工等）在地区经济结构中占的比重较高，耗水工业发展较快，这与当地水资源条件不相适应。因此，必须进一步加大产业结构调整力度，发展低耗水工业以及水资源利用效率和效益高的产业，从政府宏观调控的层面促进节水。"十二五"是我国加快转变经济发展方式的关键时期，经济社会的快速发展对水资源提出了新要求。因此，节水型社会建设作为水利领域推动经济发展方式转变的关键突破口，必须要在加快用水方式转变上，在促进经济结构调整上有更有力的措施和更大的作为。强化对重点行业和新建项目的水资源供给刚性约束，促进形成节约用水的倒逼机制，推动各行业用水方式转变，进而促进产业结构调整，加快经济发展方式转变。

3.1.3　落实最严格水资源管理制度对节水型社会建设提出了具体要求

2011 年中央一号文件和中央水利工作会议精神均提出实行最严格水资源管理制度。实行最严格水资源管理制度的核心内容是围绕水资源的配置、节约和保护，建立水资源管理"三条红线"，即建立水资源开发利用红线，严格实行用水总量控制；建立优势效率控制红线，坚决遏制用水浪费；建立水资源功能区限制纳污红线，严格控制入河排污总量。2012 年国务院印发《关于实行最严格水资源管理制度的意见》，明确提出了实行最严格水资源管理制度的指导思想、基本原则、目标任务、管理措施和保障措施。这是继 2011 年中央一号文件和中央水利工作会议明确要求实行最严格水资源管理制度以来，国务院对实行这项制度做出的全面部署和具体安排，对于解决中国复杂的水资源水环境问题，实现经济社会的可持续发展具有重要意义和深远影响。2013 年 1 月，国务院办公厅印发《实行最严格水资源管理制度考核办法》，明确了各省、自治区、直辖市用水效率控制目标。

水利部《节水型社会建设"十二五"规划》强调，要把落实最严格水资源管理制度作为节水型社会建设的重要内容，提出抓紧建立用水总量控制、用水效率控制、限制纳污三条红线，把工作重心转移到三条红线的建立和保障体系建设上来，要把落实最严格水资源管理制度作为"十二五"时期节水型社会建设的核心工作。

3.1.4　全面推进民生水利发展对节水型社会建设提出了更高要求

"十二五"时期是全面推进民生水利发展的重要时期，要着力提高水旱灾害综合防御能力、水资源合理配置和高效利用能力、水土资源保持能力、水利社会管理和公共服务能力，着力解决人民群众最关心、最直接、最现实的民生水利问题，着力构建有利于水利科学发展的体制和机制。节水涉及各行各业、千家万户，节水型社会建设是水利社会管理的重要方面，要按照民生水利的整体要求，把解决民生水利问题作为优先领域，保障城乡居民的供水安全、水质安全、环境安全，努力改善生产条件和人居环境，提高人民群众的生活质量和水平，使水利发展成果惠及广大人民群众。

要把民生水利作为基础设施建设的优先领域，大力发展民生水利，加快节水型社会建设，促进水利可持续发展。要以节水型社会建设为总揽，建设民生水利，改善民生、惠及民生。

3.2 淮河流域节水型社会建设的必要性

3.2.1 节水型社会建设是淮河流域经济社会可持续发展的必然要求

淮河流域经济社会的快速发展对水量保障、水质安全提出了越来越高的要求。目前，淮河流域水资源过度开发、粗放利用以及水污染状况还没有从根本上扭转，水资源开发利用和保护的形势依然严峻，节水型社会建设任重道远。随着经济布局和产业结构的调整、技术创新、节水灌溉技术推广应用等，水资源利用效率虽有所提高，但与国际先进水平相比，用水效率和效益总体较低，用水方式粗放、用水浪费等问题仍然突出。在工业用水方面，淮河流域工业用水重复利用率偏低，万元工业增加值用水量偏高；在农业用水方面，渠系完好率低，工程配套差，水的利用效率不高，灌溉水利用有效系数较低；在生活用水方面，节水器具使用率普遍偏低。与国际先进水平相比，用水效率和效益总体较低，用水方式粗放、用水浪费等问题仍然突出。此外，公众的水忧患意识不强，节水意识淡漠，对建设节水型社会建设的紧迫性和意义认识不足。因此，必须全面开展流域节水型社会建设，不断提高水资源的利用效率和效益，统筹协调好生活、生产和生态用水，以促进流域经济社会和资源环境的协调发展，以水资源可持续利用支撑流域经济社会可持续发展。

3.2.2 节水型社会建设是解决淮河流域水资源短缺问题的根本途径

淮河流域地处我国南北气候过渡带，水资源年内变化分配不均、年际变化剧烈。流域70％的径流集中在汛期6～9月，最大年径流量是最小年径流量的6倍，水资源的时空分布不均和变化剧烈，加剧了流域水资源开发利用难度。受气候变化和人类活动影响，淮河流域水资源减少趋势明显。淮河流域多年平均水资源总量为 794 亿 m³，人均、亩均水资源占有量均很低，人均水资源量约占全国的 1/5，亩均水资源约占全国的 1/4，属于缺水地区。受自然和工程条件的影响，淮河流域资源型、水质型和工程型缺水并存，水资源供需矛盾十分突出，流域内一些城市出现了不同程度的缺水，个别城市缺水形势严峻。此外，水资源地区分布与流域经济社会发展格局不协调更加剧了水资源供需矛盾。随着淮河流域经济社会快速发展和城市化进程加快，水资源总需求还会增加，水资源短缺问题日渐成为制约流域经济社会发展的主要瓶颈。

严峻的水资源形势要求我们必须全面建设节水型社会，通过把节水工作贯穿于国民经济发展和群众生产生活全过程的节水型社会建设，提高水资源利用效率和效益，改善水生态环境，增强可持续发展能力，实现人与水的和谐相处，促进经济、社会、环境协调发展，从而推动整个社会走上生产发展、生活富裕、生态良好的文明发展道路。

3.2.3 节水型社会建设是实行淮河流域实施最严格水资源管理制度的重要内容

2011 年中央一号文件《中共中央 国务院关于加快水利改革发展的决定》提出"实行最严格的水资源管理制度，建立用水效率控制制度，确立用水效率控制红线，坚决遏制用水浪费，把节水工作贯穿于经济社会发展和群众生产生活全过程"。《国务院关于实行最严格水资源管理制度的意见》（国发〔2012〕3 号）对实行最严格水资源管理制度进行了总体部署和具体安排，明确提出"加强用水效率控制红线管理，全面推进节水型社会建设，全面加强节约用水管理，强化用水定额管理，加快推进节水技术改造"。2013 年，国务院办公厅印发《实行最严格水资源管理制度考核办法》，明确了实行最严格水资源管理制度的责任主体与考核对象，明确了各省区水资源管理控制目标，明确了考核内容、考核方式、考核程序、奖惩措施等，标志着我国最严格水资源管理责任与考核制度的正式确立，该办法还将用水效率控制指标分解到各省，各省用水效率控制指标是最严格水资源管理制度的重点考核内容之一。目前，淮河流域水资源管理现状与实行最严格水资源管理制度的要求相比，还存在一定差距。因此，为全面实施最严格水资源管理制度，开展节水型社会建设，提高水的利用效率和效益显得十分必要。

第4章 淮河流域节水型社会建设试点实践

4.1 国家节水型社会建设试点工作基本框架

4.2.1 国家节水型社会建设试点情况

《中华人民共和国水法》规定："各级人民政府应当采取措施，加强对节约用水的管理，建立节约用水技术开发推广体系，培养和发展节约用水产业"。因此，试点地区人民政府在节水型社会建设中担当主要角色，是试点建设的主体。本着试点本身自愿的原则，试点所作省级人民政府水行政主管部门提出试点申请和实施方案。水利部组织对实施方案进行审查。水利部或试点所作省级人民政府对试点进行批复的方式，开展了全国节水型社会建设试点的选取和审批工作。

2001年全国节约用水办公室批复了天津节水试点工作实施计划，具备节水型社会的雏形。从2002年到2010年，水利部先后分四批确定了全国节水型社会建设试点。2002年2月，水利部印发《关于开展节水型社会建设试点工作指导意见的通知》，通知指出："为贯彻落实《中华人民共和国水法》，加强水资源管理，提高水的利用效率，建设节水型社会，我部决定开展节水型社会建设试点工作。通过试点建设，取得经验，逐步推广，力争用10年左右的时间，初步建立起我国节水型社会的法律法规、行政管理、经济技术政策和宣传教育体系"，强调了试点工作的重要性。同年3月，甘肃省张掖市被确定为全国第一个节水型社会建设试点。之后水利部和地方省政府联合批复绵阳、大连和西安四个节水型社会建设试点。2004年11月，水利部正式启动了"南水北调东中线受水区节水型社会建设试点工作"。2006年5月，国家发改委和水利部联合批复了《宁夏节水型社会建设规划》。2007年1月，国家发改委、水利部和建设部联合批复了《全国"十一五"节水型社会建设规划》。2006年，水利部启动实施了全国第二批30个国家级节水型社会建设试点，这些不同类型的新试点建设内容各有侧重，通过示范和带动，深入推动了全国节水型社会建设工作。2008年6月，启动实施了全国第三批40个国家级节水型社会建设试点。2010年7月，启动实施了全国第四批18个国家级节水型社会建设试点。仅8年的时间里，节水型社会试点建设工作在全国范围内大规模开展起来，试点工作的开展极大地促进了当地节水型社会建设，为全国节水型社会建设积累了经验，取得了显著成效。

4.1.2 节水型社会建设试点工作的目标、要求与原则

（1）节水型社会建设试点工作的目标

节水是在不降低人民生活质量和经济社会发展能力的前提下，采取综合措施，减少取用水过程中的损失、消耗和污染，杜绝浪费，提高水的利用效率，科学、合理、高效地利用水资源。节水型社会要求人们在生活和生产的全过程中具有节水意识和观念，在全社会建立起节水的管理体制和运行机制，通过法律、经济、行政、技术、宣传等措施，在水资源开发利用的各个环节，实现对水资源的节约和保护，逐步杜绝用水的结构型、生产型、消费型浪费，使有限的水资源保障人民饮水安全，发挥更大的经济社会效益，创造优良的生态环境。开展节水型社会建设试点工作的目标是通过试点建设，力争用10年左右的时间，形成一批不同类型、具有代表性和示范性的试点，在取得基本经验的同时，逐步推广，初步建立起节水型社会的法律法规、行政管理、经济技术政策和宣传教育体系。

（2）开展节水型社会建设试点工作的要求

开展节水型社会建设试点工作的核心是建设一批不同类型、具有代表性和示范性的试点。通过建设，不断提高试点地区水资源和水环境的承载能力，使试点地区在水资源的管理方面达到"城乡一体，水权明晰，以水定产，配置优化，水价合理，用水高效，中水回用，技术先进，制度完备，宣传普及"。

——城乡一体，即对水资源实行统一规划，统一调度，统一发放取水许可证，统一征收水资源费，统一管理水量水质，实现城乡水资源统一管理；

——水权明晰，即通过水权分配和制定用水定额，落实各行业及用户的用水指标，建立用水总量控制与定额管理相结合的管理制度；

——以水定产，即调整产业结构，使其与当地水资源、水环境状况相协调；

——配置优化，即协调生活、生产、生态用水，实现水资源优化配置；

——水价合理，即改革水价形成机制，发挥价格促进节水的杠杆作用；

——用水高效，即提高水资源的传输和使用效率，控制和减少水污染；

——中水回用，即对污水进行处理回用；

——技术先进，即研究、推广、使用节水技术，提高节水科技水平；

——制度完备，即建立健全节水法规体系，完善以取水许可制度为核心的一系列水资源和节水管理制度；

——宣传普及，即加大节水宣传力度，提高全社会的节水意识。

（3）开展节水型社会建设试点工作的原则

开展节水型社会建设试点工作的原则包括以下四方面：

一是统筹管理、优化配置、以水定产、城乡协调。要摸清试点地区水资源家底，实现水资源统一管理，协调好"三生"用水，优化配置水资源，以水定试点地区的产业结构与布局以及发展方向，处理好工业、农业和服务业节水，以及城镇与农村节水的关系。

二是要全面规划、分步实施、因地制宜、突出重点。要制定试点地区节水型社会建设规划和实施方案，分阶段组织实施。根据试点地区水资源开发利用中存在的问题，确定试点地区节水型社会建设的任务和工作重点。

三是要注重基础、完善机制、措施配套、广泛参与。要加强基础工作，强化取水许可监督管理，工程措施与非工程措施要配套，先进技术与常规技术要相结合。发动全社会共同参与，达到水量有保证、水质有改善的实效。

四是要立足当地、适当扶持、加强指导、提供示范。试点建设要以当地为主，中央和上级有关部门提供政策和技术方面的指导，适当扶持，不断总结经验，发挥示范作用。

4.1.3 试点地区节水型社会建设的主要内容和措施

（1）编制规划，组织实施。试点地区节水型社会建设工作应以相关规划为依据，首先编制本地区节水型社会建设规划，经同级人民政府批准后，由当地水行政主管部门牵头组织实施。

（2）总量控制，定额管理。试点地区应制定本地区的用水总量控制指标和供用水计划，按照本地区所在省的行业、产品和城乡居民生活用水定额标准，对用水实行总量控制和定额管理。

（3）调整产业结构，实现优化配置。试点地区应实施建设项目和规划水资源论证制度，加强国民经济和社会发展规划以及城市总体规划等相关规划和重大建设项目布局的水资源论证工作，要充分考虑当地水资源条件，促进产业结构调整，优化水资源配置。

（4）加强节水工程建设，进行节水技术改造。开展农业节水工程建设，进行工业节水技术改造，全面推进各种节水技术、设备和器具。工程措施包括农业节水示范项目、灌区改造、城镇供水设施改造、海水及微咸水利用、集雨设施建设、工业及生活废污水减排处理和回用等。

（5）制定政策，完善规章制度。试点地区应制定节水政策，建立和完善以取水许可制度和水资源有偿使用制度为核心的，包括水资源论证、用水总量控制与定额管理、节水"三同时"制度、节水产品认证等在内的水资源和节水管理制度体系，加强节水管理。

（6）建立和完善节水机制，促进节水良性运行。一是要建立合理的水价形成机制，适时、适度、适地调整水价和水资源费，实行超计划用水或超定额用水累进加价制度；二是要建立稳定的节水投入保障机制，确立节水投入专项资金；三是要通过节水专项奖励、财政补贴、减免有关事业性收费等政策，建立和完善节水激励机制。

（7）制定节水指标体系，建立监测监督检查系统。建立节水评价指标体系，评价考核供用水单位节水设施情况，加强对高耗水行业、重点用水大户的监督检查。

（8）推动节水服务体系建设，开展相关专题研究。应加强节水技术指导、示范培训，完善节水社会化服务体系，同时要根据需要开展相关专题研究。

4.1.4　节水型社会建设试点工作的实施步骤

水利部选择有代表性的地区开展全国节水型社会建设试点工作，各省（自治区、直辖市）可选择水资源紧缺、水污染严重、有示范性的地区开展本省（自治区、直辖市）的试点工作，报水利部备案。试点建设的主体是试点地区人民政府，水利部、各流域管理机构和各省（自治区、直辖市）水利（水务）厅（局）对节水型社会建设试点工作进行指导。

全国节水型社会建设试点工作实施步骤为：

（1）由所在省（区、市）水利（水务）厅（局）向水利部提出开展节水型社会建设试点工作的申请和实施方案；

（2）由水利部组织对方案进行审查；

（3）由水利部和试点所在省（区、市）人民政府联合对试点工作进行批复；

（4）由试点地区人民政府具体组织实施；

（5）试点地区节水项目按基建程序报批实施；

（6）水利部负责对试点工作的指导、验收与评价。

4.1.5　节水型社会建设试点考核指标体系

节水型社会建设试点的考核验收通过对有关工作、工程的现场检查和指标考核进行。各试点地区应完成主要任务，实现试点目标。考核指标体系参照国内外先进水平确定，主要包括以下内容：

（1）综合考核指标：包括万元国内生产总值用水量、万元国内生产总值递减率、计划用水实施率、水资源开发利用率、水环境质量单方节水投资等。

（2）第一产业指标：包括亩均灌溉用水量、主要农作物用水定额、灌溉水有效利用系数、节水灌溉工程率等。

（3）第二产业指标：包括主要工业产品用水定额、工业用水重复利用率、污水处理率及回用率等。

（4）第三产业及居民生活用水指标：包括城镇人均生活用水量、居民饮用水质量、饮用水水源地水质状况、供水管网漏失率、节水器具普及率、用水装表计量率、城市生态系统建设用水效率等。

以上指标值应根据试点地区实际情况研究制定，但总体应高于《全国节水规划纲要》的要求。

4.1.6 节水型社会建设试点中期评估与验收

（1）节水型社会建设试点中期评估

为加强对节水型社会建设试点工作的指导和监督管理，水利部和全国节约用水办公室从第二批开始要求开展试点城市中期评估工作。节水型社会建设试点中期评估主要包括试点地区节水型社会体制与机制建设、制度建设与实施、试点工作进展、试点建设成效四个方面的内容。中期评估以批复的试点地区节水型社会建设规划为标准，采用逐项指标评分方式进行。中期评估工作由试点地区所在流域管理机构组织，即由试点地区所在流域的流域管理机构会同试点所在省（市）水利厅（局）组成评估组，流域管理机构为评估组组长单位，成员单位由相关省级水行政主管部门及试点地区组成。

具体评估指标与评分标准见表4-1：

表4-1 节水型社会建设试点中期评估评分表

评估内容	评估指标	标准分	评分
体制与机制建设	①成立节水型社会建设领导小组（2分），实施协调联动机制（2分），充分发挥作用（2分）	6	
	②分解下达各部门节水型社会建设目标任务（2分），建立对各部门的考核机制（5分）	7	
	③成立节水管理机构（1分），理顺节水管理体制（2分）	3	
	④实行水务一体化管理（2分），成立水务管理机构（2分）	4	
	⑤节水型社会建设指标纳入政府年度考核指标	3	
	⑥公众参与	1	
小　计		24	

评估内容	评估指标	标准分	评分
制度建设与实施	①出台有关水资源配置、节约和保护配套法规、规章或政府文件	6	
	②严格按规定征、缴水资源费，水资源费使用规范	2	
	③依法审批发放取水许可证（2分），按规定实施建设项目水资源论证制度（2分）	4	
	④按水功能区划管理	2	
	⑤实行了计划用水制度，定期考核	2	
	⑥实行取用水、节水统计制度，按时准确报送报表	2	
	⑦实行节水"三同时"制度	2	
	⑧实行定额管理，开展水平衡测试工作	2	
	⑨实行有利于节水的水价机制	2	
	小　计	24	
试点工作	①节水型社会建设规划已经政府或有关部门批复	2	
	②试点建设年度有计划、有指导、有总结，工作进展正常，取得可推广经验	3	
	③每年有节水专项投入，每年有预算、结算报告	3	
	④开展节水型企业、灌区、社区、学校等示范区建设	3	
	⑤积极推广节水新技术、新工艺、新设备	2	
	⑥开展了水生态修复或水资源保护工作	2	
	⑦开展污水处理回用、雨水、矿坑水、海水等非常规水源利用	2	
	⑧工业、农业、生活服务业取用水按规定装置计量设施	2	
	⑨面向社会广泛开展节水宣传教育工作	2	
	小　计	21	

评估内容	评估指标	标准分	评分
试点成效	①用水总量控制达到预期指标得满分，否则每高5%扣1分，扣完为止	5	
	②万元GDP取用水量控制到预期指标得满分，否则每高10%扣1分，扣完为止	5	
	③农田灌溉水利用系数达到预期指标得满分，否则每低5%扣1分，扣完为止	3	
	④农业节水灌溉率达到预期指标得满分，否则每低10%扣1分，扣完为止	3	
	⑤万元工业增加值用水量达到预期指标得满分，否则每高5%扣1分，扣完为止	3	
	⑥工业用水重复利用率控制到预期指标得满分，否则每低10%扣1分，扣完为止	3	
	⑦城镇供水管网漏损（失）率达到"规划"预期指标得满分，否则每高10%扣1分，扣完为止	3	
	⑧城镇污水处理回用率达到预期指标得满分，否则每低10%扣1分，扣完为止	3	
	⑨水功能区水质达标率达到预期指标得满分，否则每低10%扣1分，扣完为止	3	
小　计		31	
总　分		100	

注：表中"预期指标"指节水型社会建设试点工作大纲和节水型社会建设规划中确定的指标。

（2）节水型社会建设试点验收

按照全国节水型社会建设试点的工作部署，水利部委托流域管理机构会同试点所在地省级水行政主管部门开展验收工作。验收工作分三步：

第一步是自评估。各省级水行政主管部门指导试点地区开展自评估工作，试点地区按照批复的节水型社会建设规划和实施方案，重点从工作组织、规划任务完成情况、取得的成效和经验、存在问题和解决办法、今后工作重点和计划安排等方面进行自评估，形成自评估报告。

第二步是专家评估。流域管理机构商试点所在地省级水行政主管部门成立专家组进行专家评估，专家组对试点地区自评估报告及相关材料审核的基础上，通过听取汇报、查看资料、质询答疑、现场考察和集体评议等方式，对试点建设情况进行评估，编写专家评估报告，提出专家评估意见。

第三步是验收。对通过专家评估的试点地区，流域管理机构商试点所在地省级水行政主管部门成立验收工作组，对试点工作进行验收。

4.2　淮河流域节水型社会建设试点基本情况

目前，在 100 个国家级节水型社会建设试点中，淮河流域共有 7 个，包括郑州市、淄博市、徐州市、淮北市、泰州市、平顶山市、广饶县。"十五"期间，水利部确定淮河流域内的河南省郑州市、山东省淄博市、江苏省徐州市为全国第二批节水型社会建设试点城市。同期，根据水利部《关于加强节水型社会建设试点工作的通知》，按照全国节水型社会建设试点工作的总体部署，淮河流域内各省根据自己的实际情况，又先后确定了一批省级节水型社会建设试点城市，如：河南省的周口、开封，山东省的章丘、即墨、兖州、滕州、邹平，江苏省的淮安、高邮、姜堰、大丰、泗洪、东海等。2006 年 11 月，安徽省淮北市被水利部列为全国第二批节水型社会建设试点城市。2008 年 12 月，江苏省泰州市被列为全国第三批节水型社会建设试点城市。2010 年 7 月，河南省平顶山市和山东省广饶县被水利部列为全国第四批节水型社会建设试点城市。

按照水利部《关于开展节水型社会建设试点工作指导意见》和《关于印发节水型社会建设规划编制导则的通知》的要求，淮河流域各试点城市结合自身实际，组织编制了节水型社会建设试点规划或方案，经水利部或本省人民政府（或其水行政主管部门）批复后实施。目前，流域内 7 个试点城市均编制了节水型社会建设试点规划，并经过有关部门批准实施。

按照经批复的规划，围绕体制和机制建设、制度建设与实施等内容，试点地区人民政府积极组织开展试点工作。各试点城市均成立了节水型社会建设组织机构，在试点建设过程中发挥了重要作用。各试点城市加强节约用水管理，有的还将相关指标纳入政府年度考核目标，极大地促进了试点地区节水型社会建设工作的开展。各试点城市面向社会广泛开展宣传活动，大力开展节水示范区建设，积极开展再生水回用和雨洪资源利用等非常规水源利用，改善水生态环境，开展节水标准体系建设和节水产品的推广应用，积极调整产业结构，促进了节水型产业体系的建立。

现对流域内的 7 个试点城市节水型社会建设情况分别作简要介绍。

4.2.1　河南省郑州市

2006 年，河南省郑州市被确定为全国第一批节水型社会建设试点（南水北调受水区试点）。郑州市通过健全水管理法规、调整产业结构、利用工程技术、推广高新科技和加强宣传教育等手段来促进节水型社会建设，取得了明显的效果。

1. 试点情况

试点期间，郑州市编制了《郑州市节水型社会建设规划》，发布了《郑州市人民政府关于推进节水型社会建设的实施意见》，修改了《郑州市水资源管理条例》、《郑州市城市节约用水管理条例》等有关水资源节约管理的法规。

根据《郑州市节水型社会建设规划》，郑州市逐步调整工业和农业产业结构，发展少用水或不用水产业，限制发展高耗水项目，对现有高耗水行业逐步淘汰落后的生产能力、工艺设备和产品。

郑州市自开展节水型社会建设试点以来，从促进中部崛起的战略大局高度考虑节水型社会建设，结合南水北调工程进行水资源优化配置、产业结构调整，实行最严格的水资源管理制度，坚持体制机制创新并举，典型示范与整体推进并重，大力推进节水型社会建设，取得了明显成效。2005 年至 2009 年，在城市面积扩大 18.3%，城市人口增加 37%，GDP 增加 1 倍的情况下，全市用水总量仅增 17.6%，城市用水总量仅增 11.4%，充分体现了节水型社会建设对促进中原经济区建设的支撑作用。

2. 主要做法

通过几年的试点实践，郑州市形成了与区域发展定位相适应的城乡综合节水范式，具体做法包括：

一是建设与新型工业化相适应的工业节水减排体系。市政府下发《关于加快发展循环经济工作的实施意见》，大力推进产业结构调整，在钢铁行业全部淘汰炭化室低于 4.3 米的焦炉，在火电行业大力推进冷却水循环系统、除尘器改造等；严格建设项目水资源论证制度，凡有条件的企业强制利用再生水，配套建设循环用水设施；推行工业企业水平衡测试，对月用水量超过 10000m³ 的企业，要求每三年必须开展一次水平衡测试，对按期完成的企业进行资金补助，对不按计划完成的企业依据市节水条例给予相应处罚,试点建设以来每年完成水平衡测试企业超过 50 家;扩大计划用水管理范围,将月用水量在 100m³ 以上的城市公共用水户、地下水取水户、洗车洗浴等特殊用水户列为计划用水管理单位,目前,城市计划用水实施率近 100%,实行计划用水按月份考核;完善水价调节和奖励激励机制,调整工业水价和水资源费标准,严格执行超计划累进加价制度,实施"以奖代补"等激励措施。通过上述制度设计与强化管理,初步建成完善的工业节水减排体系,涌现出宇通客车、金星啤酒集团等一大批节水型企业。

二是与新农村建设和现代农业战略相适应的农业综合节水。在山区规模化推进集雨节灌工程,创新建立了"集雨节灌工程＋种植结构调整＋协会自主管理"的山丘区雨水节灌综合模式,试点期间投资近 3 亿元,在西部山区丘陵地带建设集雨水窖工程超过 6 万个,发展农田节灌面积 171 万亩,蔬菜、经济作物种植面积扩大了十多万亩,发展农民用水者协会 170个,有力地促进了新农村建设;在平原区结合现代化农业示范区建设,渠灌区在实施渠系衬砌等输配水节水措施的基础上,推行计量到部门,推广田间节水措施,重点普及"小白龙"。在井灌区建立电费或水量的计量模式,完善喷微灌节水设施,在保障粮食安全基础上促进农业节水。

三是与能源原材料基地定位相适应的矿井水综合利用。郑州市矿井排水点多量大,为节约和保护地下水资源,全市在推进能源原材料基地建设中,探索建立了"保水减排、深度自用、区域配置"的矿井水综合利用模式,即通过严格水资源费的征收减少矿井水的外排量,科学调节供水水价促进矿井排水深度处理利用,完善配套工程,将自身不能消化的水资源在区域层面配置,使矿井排水利用率大大提高,如超化煤矿在严格取水许可管理和完善经济调节的背景下,应用采煤保水技术减少矿井水排量,将矿井排水处理后用于生产生活用水,制成矿泉水在市场销售,在此基础上将多余的水送至与其紧邻的东方红灌区,使矿井排水的利用率达 100%。目前,郑州煤炭集团矿井水利用率达 90% 以上。

四是与区域中心城市相适应的城乡循环型生态水系建设。围绕城市发展战略和总体规划,结合城市水系现状,郑州市以循环理念为指导,制定了生态水系规划,以城区、周边 6 纵 6 横 12 条河渠、7 中 5 小 12 座水库、3 个湖泊、2 块湿地为基本构架,以再生水和雨洪水为基础,以引黄水为补充,在强化污水和雨水收集与处理回用的基础上,沟通规划区内河湖水系,打造融城市水系、绿化建设、灌区灌溉为一体的城乡循环型生态水系统,全市水域面积扩展 2 倍,城市生态环境质量和品位大幅提升,水资源综合效益显著提高。

五是与多水源统一配置相适应的水资源综合管理体系建设。试点期间成立了市水务局，强化水资源统一配置与综合管理，重点是地下水压采、引黄水合理取用和非常规水资源的充分利用。如在地下水压采方面，开展了城市地下水功能区划，划定了禁采区、限采区和适宜开采区，确定了不同分区管理政策，制订了三年压采方案，加快城中村水源置换，仅 2009 年就压采自备井 38 眼。加强自备水取水管理，在 75% 管理井安装 562 套实时监控系统；发布了《关于调整郑州市地下水资源费征收标准的通知》，利用经济手段促进地下水资源的保护，并在高校聚集的地方，探索先期规划，集中开采，统一供水模式。城市中心区地下水压采 60% 以上，地下水位明显回升。此外，市供水节水办公室、市质量技术监督局联合发文对全市节水设备和器具进行监督检查，规范了节水器具和设施的销售市场。

通过以上综合节水措施，郑州市亩均灌溉用水定额由试点初期的 $260m^3$ 降至 $153m^3$，万元工业增加值取水量年均降幅超 20%，工业用水重复利用率达到了 75%，水功能区达标情况有所改善，城区地下水位有明显回升，生态水系建设提升了城市品位，为节水型社会建设提供了较全面的示范。2010 年，郑州市通过水利部组织的验收，并被授予"全国节水型社会建设示范市"。

3. 主要经验

郑州市节水型社会建设的主要经验是：

（1）加强节水规划和前期工作，为节水型社会建设提供科学依据。作为国家级节水型社会建设试点城市的郑州，在试点工作开始就编制了《郑州市节水型社会建设规划》，随后又针对节水型社会建设出台了《郑州市人民政府关于推进节水型社会建设的实施意见》。

（2）通过调整产业结构、制定用水定额、实行分类供水、加强技术改造等措施，促进了水资源的节约和高效利用。郑州市通过调整工业产业结构，大力兴建节水设施，提高水的重复利用率。

（3）加强节水宣传工作，深入持久地开展节水宣传教育。通过多种形式，大力宣传水资源紧缺的严峻形势，宣传节约用水的必要性和紧迫性，宣传节约用水的新技术、新方法，使公众树立了节水的新观念，增强了全民的水忧患意识，共同营造珍惜水、节约水、保护水的社会氛围。

4.2.2　江苏省徐州市

徐州市于 2006 年被列为全国第一批节水型社会建设试点（南水北调受水区试点）。徐州市按照《徐州市节水型社会建设规划》的要求，全面开展了节水型社会建设试点工作。

徐州市在节水型社会建设过程中，按照"制度建设与工程措施相结合、行政推动和典型引导相结合、社会效益与经济效益相结合、政府投入引导与鼓励社会投入相结合"的理念，以制度建设为核心，规范节水型社会建设的管理，建立了取水许可和水资源论证制度、用水总量控制和定额管理制度，建立了行政区域用水计量系统，实行了行政区域用水总量节约奖励和超总量补偿办法。

徐州市以节水型农业、节水型工业、节水型社区和节水型城市建设为重点，落实节水型社会建设的措施。通过调整种植业布局，因地制宜推进节水型农业；建设农业节水工程，推广节水农业技术，创新农业用水管理。通过高耗水产业的节水技术改造，实现高耗水行业的节水管理；对用水大户逐步实行在线监测，对长期耗水严重超标的企业，不仅累进加价征收水资源费，而且提出限期实施节水改造的要求。通过大力开展节水减排、节水增效宣传活动，积极推广节水型生活用水器具。

徐州市作为全国首批节水型社会建设的试点城市之一，节水型社会建设取得成效。全市单位生产总值取水量由 2000 年的 $619m^3$/万元，下降到 2006 年的 $285m^3$/万元，年均下降 11% 以上，节水主要指标都达到国家先进水平。

2010 年 8 月，徐州市节水型社会建设试点工作顺利通过水利部验收，被水利部授予首批"全国节水型社会示范市"荣誉称号。

4.2.3 山东省淄博市

淄博市于 2006 年被列为全国第一批节水型社会建设试点（南水北调受水区试点）。淄博市有组织、有计划、有步骤地全面开展了节水型社会建设试点工作，逐步形成了政府调控、市场调节、科技支撑三位一体的节水型社会运行机制，使水资源利用效率和效益有了进一步提高，有力地保障了当地经济社会的快速发展。

为加强组织领导，淄博市成立了由常务副市长任组长、分管农业和城建的副市长任副组长的建设节水型社会领导小组。制定了《淄博市节水型社会建设试点工作方案》，对试点工作进行了细化分解，制定目标，落实任务，并列入市各有关部门、各区县政府工作考核指标。

淄博市在节水型社会建设过程中加强了法规和规划体系建设。修订和完善了《淄博市水资源管理办法》、《淄博市大武水源地水资源管理办法》、《淄博市取水许可实施细则》、《淄博市引黄供水管理办法》等有关节水工作的法规和规范性文件；同时，还编制了相关规划，如《淄博市水资源综合规划》、《淄博市中心城区水资源优化配置方案》。

淄博市还注重运用经济规律和市场机制节水管水，优化水资源配置。充分发挥水价的经济杠杆作用，实行计划用水制度，超计划用水累计加价收费制度。用水计划采取年计划、月报表、季考核的管理办法。在申报年度用水计划时，必须填报节水、退水及废污水处理措施，否则将不予审批。淄博市还进行用水使用权有序流转探索。此外，淄博市还通过节水技术改造、新技术、新工艺和新装备推广、污水资源化利用等手段来推进节水型社会建设试点工作。

经过几年建设，淄博节水型社会建设取得良好效果。2006年，全市万元GDP用水量下降到72m^3，城市工业年节约用水5500万m^3，工业用水重复利用率达94%，万元工业产值取水量下降到55m^3，在经济社会快速增长的情况下，实现了连续增产增效不增水，基本保持了水资源供需平衡。

2010年8月，淄博市节水型社会建设试点工作顺利通过水利部验收。2013年，淄博市被授予第一批"全国节水型社会建设示范区"荣誉称号。

4.2.4 安徽省淮北市

淮北市2004年被安徽省人民政府确定为全省唯一的节水型社会建设试点城市，2006年又被水利部确定为全国第二批节水型社会建设试点城市。淮北市在进行省级节水型社会建设试点期间，对开展节水型社会建设做了大量准备工作，组织专业技术人员针对淮北市水资源现状等问题开展调查研究，摸清全市水资源承载能力，并编制了《淮北市节水型社会建设实施方案》、《淮北市水资源综合规划》等。水利部试点工作正式启动后，淮北市全面实施《淮北市节水型社会建设实施方案》，节水型社会建设工作进展顺利。

淮北市节水型社会建设的主要做法如下：

（1）建立健全组织和实施机构。成立了以市长为组长的节水型社会建设工作领导小组，领导小组下设办公室，具体负责节水型社会建设的实施、协调和监督。节水办主任由分管副市长兼任，同时组建了制度建设组、宣传教育组、工业节水组、农业节水组、市政节水组、水环境保护组和综合协调组等7个工作组。从水务、城建、环保、林业、农委等部门抽调专门人员，集中办公，有力地推动了节水型社会建设各项工作的开展。

（2）高度重视规划的支撑作用。组织编制了《淮北市水资源综合规划》及《淮北市水资源开发利用调查评价》、《淮北市采煤沉陷区水资源综合利用规划》、《淮北市水资源保护规划》、《淮北市节约用水规划》四个单项规划，主要包括水资源的合理开发、有效保护、优化配置和高效利用等内容，这是淮北市节水型社会建设的支撑规划。

（3）加强制度建设。制定了《淮北市水资源管理办法》和《淮北市节约用水管理办法》，编制了《淮北市行业用水定额》和《淮北市水功能区划》。在制度建设的同时，强化制度执行工作，强力推进节水示范片、节水示范点、节水技改项目的建设进度和节水器具的普及，加强试点工作的考核、验收。

（4）加大宣传工作力度。结合"世界水日""中国水周"、"安徽省水法宣传月"等有利时机，先后发放各种宣传资料。同时，充分发挥电视、报纸等新闻媒体的宣传作用，开展了形式多样的宣传活动，进一步提高市民的水法制意识和节水意识，积极营造节水型社会建设的良好氛围。

（5）坚持以科技为先导，不断增加管理中的科技含量，积极实施现代化管理。针对淮北市支柱产业的用水特点加强节水技改，大力发展和推广工业用水重复利用技术，如火电企业实施干除灰工艺改造，主变器由水冷改成风冷，生活污水经处理后复用于冷却循环系统，污水实行零排放；在计量管理上提高科技含量，如焦化、发电、选煤、纺织动力厂等支柱产业中试验安装的远传水表，实现了水文数据自动采集、传输、处理，达到实时在线自动监测。

根据全国节约用水办公室《关于开展节水型社会建设试点中期评估工作的通知》要求，淮河水利委员会于 2009 年 9 月组织开展淮北市节水型社会建设试点的中期评估工作。2012 年 9 月，淮北市通过水利部组织的验收。2013 年，淮北市荣获第二批"全国节水型社会建设示范区"荣誉称号。

4.2.5 江苏省泰州市

泰州市于 2008 年被确定为全国第三批节水型社会建设试点城市。按照江苏省人民政府《关于泰州市节水型社会建设试点的批复》精神，泰州市市委、市政府认真组织试点建设工作。

（1）试点情况

2009 年 8 月，江苏省人民政府批准《泰州市节水型社会建设规划》。按照国家有关建设节水型社会的要求，泰州市依照可持续发展治水思路，以提高水的利用效率和效益为核心，以建立健全节水型社会管理制度并形成节水减排机制为根本，以制度建设和机制创新为动力，实行最严格的水资源管理制度，突出试点建设内容的典型性和示范性，以增强全民节水意识为基础，围绕制度建设、节水示范推广、全民动员参与重点工作，全面推进节水型社会建设。建立了考核机制。按照市节水型社会建设领导小组下发的《泰州市节水型社会建设考核办法》的要求，市节水型社会建设领导小组组织有关部门，定期对各地节水型社会建设开展情况进行督查。

泰州市依据《中华人民共和国水法》、《江苏省水资源管理条例》等法规要求，颁布了《泰州市人民政府关于加强浅层地下水管理的通告》等地方规章和规范性文件。先后颁布了《泰州市节约用水管理办法》、《泰州市水资源管理办法》、《泰州市用水定额管理办法》、《泰州市水资源费征收使用管理实施细则》，印发了《关于加强建设项目节水设施"三同时"工作的规定》、《关于印发八大行业节水行动方案的通知》、《关于创建节水型企业（单位）的通知》、《关于禁止使用淘汰用水器具的通告》等管理规定。在制定相关规章及规范性文件中，泰州市从解决实际问题入手，力求融汇最新理论、最先进经验及做法，既体现先进性、创新性，又具有较强的实用性、可操作性。这一系列有关水资源节约、保护和管理的规章和规范性文件的颁布实施，明确了泰州市水行政主管部门及其节水管理机构在节水工作中的地位与作用，全面提高了泰州市水资源管理法制化水平，为泰州市节水型社会建设提供了法律保障。

2010 年 3 月，泰州市水利局会同市发改委联合下发了《关于加强建设项目节水设施"三同时"工作的规定》，从项目源头上规范三同时的管理。实行定额管理，开展水平衡测试工作，严格用水定额管理制度，出台了《泰州市工业用水定额》，涵盖了泰州市 418 项工业品种。实行计划用水制度，定期考核，实行取用水、节水统计制度，按时准确报送报表。实行有利于促进节水的水价机制，进一步明确超计划加价收费的范围、标准和管理要求。泰州市坚持以科学发展观为指导，提高水资源的利用效率和效益，促进经济社会的协调发展；以建立水资源统一管理体制为保障，综合采取行政、经济、科技和工程措施，建立政府调控、市场引导、公众参与的节水型社会管理体系。

（2）主要做法

一是建立组织机构。泰州市人民政府十分重视建设型社会建设工作，成立了以副市长为组长、市政府副秘书长和市水利局局长为副组长，由发改委、水利局等 12 个部门、6 个县级市（区）、2 个开发区领导参加的节水型社会建设工作领导小组，明确各相关部门的职责和分工。领导小组下设办公室，办公室设在市水利局，具体负责检查指导各部门、各县（区）节水型社会建设工作。通过组建组织机构，形成各司其职、上下联动的工作机制，为泰州市节水型社会建设试点各项工作的顺利开展提供了组织保障。试点期间，泰州市每年召开全市节水型社会建设试点工作大会，交流工作经验，部署年度建设任务。市政府分管领导始终将该项工作作为重点工作来抓，做好节水型社会建设组织、协调与沟通工作，推进节水型社会建设有序开展。

二是建立目标责任考核制度。泰州市委、市政府每年下发《关于对各县（区）、泰州市经济开发区年度工作实施目标考评意见》，将节水型社会建设纳入市年度工作考核指标体系。节水型社会建设领导小组下发了《关于印发〈泰州市节水型社会建设试点工作任务考核办法〉的通知》，制定了试点建设考核评分标准。领导小组办公室根据各县（区）自查报告，组织有关人员对各县（区）节水型社会建设试点工作任务完成情况进行年度考核，并通告各有关部门，督促落实各项工作任务。

三是加大资金投入。试点期间，泰州市采取政府投资、市场融资、企业自筹等多种形式，建立多层次、多渠道、多元化的投资方式，多方为节水型社会建设筹集资金。防洪保安基金、土地出让金、河道占有费、水资源费、水费等筹资渠道筹集的资金都是节水型社会建设投资渠道。《泰州市节水型社会建设规划》预算试点期投入资金27.2亿元，实际总投入达82.8亿元，直接投资46.8亿元。建立节水减排激励机制，对节水减排项目，财政给予扶持，金融给予倾斜。创建各类节水型载体和节水技改项目，给予一定资金奖励，以推进节水型社会快速发展。

（3）取得成效

试点期间，泰州市按照《泰州市节水型社会建设规划》和实施方案要求，强化水资源统一管理职能，完善了节水型社会建设管理体制，重点开展水环境整治和水污染防治，积极推进经济转型升级，优化产业结构，创建节水载体，全社会节水意识明显提高。通过一系列的建设措施，经济效益、生态效益、社会效益显著，泰州市全面完成了试点建设任务，试点工作取得了明显成效，实现了规划预期目标。

根据全国节约用水办公室《关于开展节水型社会建设试点中期评估工作的通知》要求，淮河水利委员会于2011年6月组织开展了泰州市节水型社会建设试点的中期评估工作。2013年11月，泰州市通过水利部组织的节水型社会建设试点验收。2014年，泰州市被水利部、全国节约用水办公室授予第三批"全国节水型社会建设示范区"称号。

4.2.6 河南省平顶山市

（1）主要做法

河南省平顶山市于2010年被水利部列为全国第四批节水型社会建设试点城市。为加强对节水型社会建设工作的组织领导，2012年平顶山市人民政府批准成立了以市长为组长，相关部门、县（市、区）政府等38家单位负责人为成员的市节水型社会建设领导小组。2011年5月，编制完成《平顶山市节水型社会建设规划》并通过审查。2012年7月，出台了《平顶山市节水型社会建设试点实施方案》，进一步明确了试点期间节水型社会建设的目标、主要任务、实施步骤及保障措施，保证了节水型社会建设试点工作的扎实开展。

根据水利部节水型社会专题工作安排，2011年与项目协作单位河南省达西水利技术咨询有限公司开展了"平顶山市水资源管理规范化建设"、"平顶山市节水型社会制度建设"两个专题项目研究。通过借鉴国内外先进水资源管理经验，围绕总量控制与定额管理、取水许可和水资源费有偿使用等方面，落实最严格水资源管理制度，构建完善的水资源管理制度框架体系。

依据《中华人民共和国水法》、《取水许可和水资源费征收管理条例》、《河南省节约用水管理条例》等法律法规，先后出台《平顶山市节约用水管理办法》、《平顶山市城市供水管理办法》、《平顶山市污水处理费征收使用管理办法》、《白龟湖饮用水源保护管理办法》、《平顶山市水资源管理办法》等规范性文件。

（2）主要经验

平顶山市建设型社会建设试点工作的主要经验有：

一是节水型社会建设必须坚持政府主导。节水型社会建设是一项系统工程，政府在供水配水、水资源管理、经济结构调整、制度建设与执行监督等一系列重要水事活动中具有不可替代的角色。平顶山市人民政府成立了高规格节水型社会建设工作领导小组，将节水有关指标纳入政府考核目标，加强组织督导，推进工作落实；各部门、各行业改变传统用水观念，积极参与，加强节水管理和节水产品应用；水利部门注重各层面宣传，宣传最严格水资源管理制度，宣传节约用水的重要性。

二是围绕总量控制与定额管理开展制度建设。制度建设是节水型社会建设的核心，完善制度体系建设，强化节水管理，是节水型社会建设工作的重要保障。平顶山市在节水型社会建设工作中，尤其注重制度落实与机制创新，积极出台地方配套规范性文件，将《中华人民和共和国水法》、《河南省节约用水管理条例》等法律法规的原则性内容，结合本地实际细化、量化，为法规的更好执行夯实基础；积极推进建设项目节水"三同时"制度，率先在全省将同时设计、同时投入使用两个环节引入行政审批服务中心，并纳入联审程序，在设计环节就将节水理念和设施引入项目建设中，改变了过去的被动局面。

三是增强公众意识是节水型社会建设中的一项长期而必需的任务。在节水型社会建设全过程中，都要高度重视公众对水资源保护和节约用水的认识与意识的提高，一方面促进公众的自律用水和参与节水型社会建设，另一方面为制度性节水奠定认知基础。

（3）取得成效

一是充分发挥水价的经济杠杆作用，初步建立了合理的水价形成机制。在分析近几年平顶山实际用水及现状水价合理性的基础上，按照小步快走的原则，2009年制定了分阶段水价调整方案，将城市供水类型由五类简化为三类，在调高基础水价的同时，将三部制阶梯水价改为两部制水价。

二是加强计划用水、节约用水工作，实现水资源优化配置。科学制定并下达年度用水户取用水计划，建立健全取水、用水、节水统计制度，要求取用水单位和个人按月报送用水统计报表，及时掌握全市用水节水情况，做好各行业用水量、用水效率的统计分析工作，严格执行总量控制制度，定期考核，强化管理，每年不定期开展用水节水检查，严格执行节奖超罚制度。

三是行业节水工作成效显著。工业节水以高耗水行业节水改造、提高用水重复利用率为重点，在能源、钢铁、有色金属等高耗水行业重点实施节水改造工程。农业节水示范工程建设不断扩展，平顶山市逐年加大农业节水示范建设力度，新增有效灌溉面积23.54万亩，增加节水灌溉面积24.9万亩。开展孤石滩、白龟山等大中型灌区节水技术改造，有效提高了大中型灌区的农业灌溉水利用系数。城市大生活节水以城市供水管网改造、提高污水处理率为重点。2010年启动老城区供水管网改造工程，较好地解决了老城区供水管网老化、跑冒滴漏等严重问题。

四是经济结构调整明显加快。市委、市政府提出"把平顶山建设成为资源型城市可持续发展示范区，成为全国重要的新型能源化工基地、现代装备研发制造基地和海内外知名的旅游目的地，成为中原经济区重要的战略支点"的城市转型战略。一方面，抓紧煤炭及煤炭深加工工业不放；另一方面，根据平顶山自身禀赋，确立了发展机电装备产业和新材料产业等高新技术产业，非煤炭产业比重大幅提升。

五是非常规水源利用工作得到加强。"河南城建学院非传统水源综合利用"、"平顶山卫生学校污水回用"示范项目是非常规水源利用项目，项目的投入使用减少了学校的污水排放量和自来水使用量，节约了水资源。2012年底，市区污水处理能力达5万 m³，污水处理能力明显加大，污水处理后的部分中水回用于东部开发区的发电、洗煤、化工等工业用水。

经过3年建设，平顶山市万元工业增加值用水量由2009年的58m³降至2013年的49m³；农田灌溉水有效利用系数由2009年的0.44提高到2013年的0.58；工业水重复利用率由2009年的72%提高到2013年的77%；节水器具普及率由2009年的72%提高到2013年的83%。

根据全国节约用水办公室的工作部署，淮河水利委员会于2013年6月组织开展平顶山市节水型社会建设试点的中期评估工作。2014年9月，平顶山市通过水利部组织的全国节水型社会建设试点验收。

4.2.7 山东省广饶县

（1）主要做法

山东省广饶县于2010年被水利部列为全国第四批节水型社会建设试点城市。2011年广饶县成立了节水型社会建设工作领导小组，全面加强对节水型社会建设工作的领导。同年，编制完成《广饶县节水型社会建设规划》，上报水利部和山东省水利厅，由县政府正式批准实施。同时进一步理顺节水管理体制，制定试点期实施方案，分解下达了各成员单位的建设目标任务，实行协调联动机制和年度考核机制。县政府高度重视，部门密切协作，公众广泛参与，形成了节水型社会建设的良性运行机制和全社会共同推进的强大合力。

为构建完善广饶县节水管理体制框架，广饶县借鉴国内外先进节水管理经验，结合本县实际，围绕用水总量控制与定额管理、取水许可和水资源费有偿使用、节水经济调节、节水减排及生态保护等情况，开展节水型社会制度建设专题研究。2011年12月，组织编制了《广饶县节水型社会制度建设》，并顺利通过水利部组织的专家组审查，为节水型社会建设工作提供了重要制度保障。根据《中华人民共和国水法》、《取水许可和水资源费征收管理条例》、《山东省节约用水办法》、《广饶县凿井管理办法》等法律法规，出台了《广饶县节约用水管理办法》、《广饶县城市供水管理办法》、《广饶县农村公共供水管理办法》等规范性文件，印发了《广饶县人民政府办公室关于落实城市节水"三同时、四到位"制度的通知》、《广饶县人民政府办公室关于实行用水总量控制的通知》、《广饶县人民政府办公室关于实行最严格水资源管理制度的意见》、《广饶县"十二五"主要污染物总量削减目标责任书》、《关于对部分废水废气排放企业进行限期治理的调整》等文件，为全县节水及水资源管理工作提供了法制依据和政策支持。

（2）主要经验

一是积极优化产业结构。广饶县立足县情水情，把优化调整产业结构作为加快转变经济发展方式的主线，按照《产业结构调整指导目录（2011年本）》和《广饶县国民经济和社会发展第十二个五年规划纲要》的要求，优化调整全县产业结构，加快产业转型升级，推进橡胶轮胎、车轮、新材料、现代服务业、农业、环保等节水产业发展。第一产业继续调整种植结构和产业结构，重点实施了8个现代农业示范园区和10个农业龙头企业提升项目；第二产业继续调整工业产业布局，严格控制新建高耗水工业项目，增大高新技术产业比重；第三产业继续增加节水行业比重，提高用水效率。

二是不断增强节水监督管理。2005年将县自来水公司整体划归县水利局，进一步完善水务一体化管理，对全县的地表水、地下水、再生水、微咸水、区域外调水等各类水源实行统一规划、优化配置，进行取水、供水、用水、退水等各环节的统一管理、统一调度。健全水资源管理和节水监督执法机构，2006年重新组建了县水政监察大队，设立了节约用水管理办公室，与水资源管理办公室合署办公。

三是全面推进节水项目实施。立足北部引黄引河、南部井灌的实际，大力实施干渠节水改造和田间节水灌溉工程，推进井灌、喷灌等现代农业产业化生产，着力提高农业用水效率。针对不同工业企业的用水状况和节水潜力，积极引导企业进行技术改造，组织企业开展水平衡测试工作，进一步挖掘企业节水潜力，大力发展和推广循环利用技术，提高工业企业用水效率与效益，全县用水重复利用率达到80%。积极实施城乡供水管网改造工程、装表计量工程、节水器具推广项目，降低管网漏失率。积极发展污水处理回用、雨水和微咸水开发利用项目，替代常规水源，减少地下水开采量。

四是强化节水宣传教育。转变用水观念，构建节水型社会行为规范体系，是节水型社会建设工作的一项重要内容。利用"世界水日"、"中国水周"等集中开展宣传活动。通过刊发报纸专版、举办大型文艺演出、发放宣传单、张贴宣传标语、组织"节水进企业、进校园"等多种形式，进一步强化节水宣传教育，公众参与热情高涨，极大地增强了全社会的水忧患意识和节约保护意识。2009～2013年，团县委、县文明办、县教育局等7个部门连续举办了五届"广饶·水利杯"全县少年儿童节水征文大赛，进一步增强了广大中小学生的节水意识。

（3）取得成效

一是节水管理体系日益完善。全县节水管理组织体系逐步健全，企业节水管理组织不断延伸，水资源监督执法能力和节水管理能力进一步增强。特别是一些工业企业建立了节水管理机构，实行了内部供水市场化经营管理，企业节水组织管理能力不断提升。节水管理制度体系逐渐完善，制订了节约用水、取水许可和水资源费征收等方面的一系列地方规范性文件和配套制度，为实施节水管理提供了基础依据和重要支持。全县用水总量控制、取水许可等水资源管理制度得到贯彻落实，责任明确、上下协调、运行有力的节水型社会制度机制逐步建立。

二是用水效率大幅提升。通过开展节水型社会建设，社会各行业用水效率显著提升。全县万元 GDP 取水量由 2010 年的 71.1m³ 降至 2012 年的 41.5m³，下降 41.6%；万元工业增加值用水量由 2010 年的 15.7m³ 降至 2012 年的 12m³，下降 23.6%。全县主要企业用水重复利用率显著提高。农业节水效果显著，灌溉效率大幅提升，尤其是农业产业化节水项目发展迅速。

三是节水工程项目扎实推进。按照节水型社会建设规划和年度实施方案的要求，各节水型社会建设成员单位积极推进节水工程项目和阶段性任务的实施。县政府成立了全县重点工程和重点项目推进服务领导小组，明确各项目的主办单位和推进服务小组的责任，对重点工程和重点项目落实责任，严格督查。各部门及责任单位科学组织调度，严格质量标准，积极推进项目实施，确保 2011 年、2012 年各项节水工程的按期完成。

四是公众节水用水意识大幅提升。通过广泛开展宣传教育活动，社会公众的意识大幅度提高，各行各业参与节水工作的热情高涨。新闻媒体通过制作电视专题、刊发报纸专刊、报道新闻事件等形式，大力宣传国家水资源管理政策；用水企业结合各自实际，开展经常性职工节水教育；学校通过邀请有关专家举行节水德育班会、组织学生参观供水和污水处理设施等方式，增进教职工和学生们的县情水情认识，为节水型社会建设创造了有利舆论氛围。

根据全国节约用水办公室的工作部署，淮河水利委员会于 2013 年 6 月组织开展广饶县节水型社会建设试点的中期评估工作。2014 年 7 月，广饶县顺利通过水利部组织的全国节水型社会建设试点验收。

4.3 淮河流域节水型社会建设存在的主要问题

淮河流域节水型社会建设试点城市根据国家和本省节水型社会建设部署，结合当地的水资源条件和经济发展水平，通过政府主导、制度建设、公众参与等措施，大力推进节水型社会建设，节水型社会建设取得了明显成效。然而，与实行最严格水资源管理制度的要求相比，当前的淮河流域节水型社会建设还存在一定差距。

4.3.1 经济发展方式转变对节水型社会建设的要求还有差距

节水型社会建设是以科学发展观为指导的经济发展方式的深刻转变，涉及用水观念转变、用水结构调整、产业布局优化以及建立符合社会主义市场经济的水资源使用权属关系等各个方面，是一项非常复杂的系统工程。坚持以科学发展观为统领，把建设节水型社会、坚持节约资源和保护环境摆在工业化、现代化发展战略的重要位置，是一项艰巨的任务。当前，从淮河流域试点地区节水状况看，部分地区仍存在着对节水型社会建设与经济社会发展规划统筹不足，资源环境保护与国民经济发展相协调的决策机制还没有建立，一些节水约束性指标任务不能按期完成，一些高耗水、高污染项目没有及时取缔等，这些问题的存在反映了一些地方节水型社会建设在思想观念、决策措施等方面与科学发展观的要求存在着差距。

4.3.2 节水型社会建设的法制化水平还不高

节水型社会建设相关法律、法规和标准不健全、不配套。目前，在国家层面，节约用水的专门性法律法规尚未出台，节水管理还缺少相应的法律依据。虽然我国已有《中华人民共和国水法》，《中华人民共和国防洪法》和《中华人民共和国水污染防治法》等多部相关法律，但在节水型社会建设实际工作中，还存在一些"法律真空地带"和"法律交叉地带"。行业之间职责不清，流域管理和地方管理职责不清，必然造成节水管理力度不大、监管不力的问题。各部委尚未制定节水型社会建设的部门规章，明确各级部门的节水管理职责。这些都对节水型社会建设产生了无形的阻力。总量控制与定额管理、计划用水、取水许可和水资源论证、节水"三同时"、水功能区划、水价制度、节水产品认证和用水效率标识等节水管理基本制度的配套规章办法还有待完善。在流域层面，相对于淮河流域各地节水法规的立法进展，流域层面的节约用水制度建设滞后，立法缺位，执法依据不足，在很大程度上也影响了流域水行政执法监督工作的开展。在地方层面，由于废污水排放管理和各类用水技术指标体系等节水管理法规、标准不健全，也影响了区域水资源的监督和管理工作。

4.3.3 水市场机制尚未建立，缺乏促进水资源高效利用的激励机制

目前，我国水资源有偿使用制度尚不健全，尚未建立水资源价值核算体系，市场在水资源配置中的基础作用未得到充分发挥，无偿使用水资源、浪费水资源现象严重；一些地区合理的水价形成机制尚未形成，供水水价和再生水的价格严重背离价值，难以调节用水行为；水资源开发利用主体缺乏节约保护资源的内在动力和激励机制，造成在缺水的同时用水浪费严重，缺乏推广应用节水产品（设备）的激励政策。目前，淮河流域节

水型社会建设仍然是以政府推动为主要手段的发展模式，以经济手段为主的节水运行机制还没有建立。比如，流域水权制度进展缓慢，水市场在资源配置中的作用没有发挥，水资源费征收标准动态调整机制尚未建立，科学合理的水价机制还未完全建立，社会资本进入节水型社会建设还缺乏有效的激励政策等。这些经济手段的缺乏，使水资源开发利用主体缺乏节约保护水资源的内在动力，增加了节约用水的外部管制成本。节水型社会要形成以经济手段为主的节水机制，建立起自律式发展的节水模式。要充分发挥市场对资源配置的基础性作用，建立政府调控、市场引导、公众参与的节水型社会体系。

4.3.4　节水投入不足，水价的经济杠杆手段尚未充分发挥作用

节水措施包括法律措施、工程措施、经济措施、行政措施、科技措施，用以保证用水控制指标的实现。前已述及，目前淮河流域节水方面的法律措施和行政措施还不完善，而工程措施和科技措施需要一定的技术投入和资金投入，淮河流域总体的经济实力还不强，政府对于节水方面的投入还远不能满足整体社会节水的要求，需要全社会包括政府、企事业单位、民间团体、个人的投入。流域和区域内还未形成以经济手段为主的节水机制，合理的水价体系还没建立，水价的杠杆作用还未充分发挥，亟待建立起自律式发展的节水模式。

4.3.5　节水型社会建设宣传教育和群众参与度有待于进一步加强

一些地区和民众对我国资源环境的严峻形势认识不足，水忧患意识不强，对建设节水型社会的紧迫性和意义认识不足；一些地区没有把节水型社会建设纳入本地区经济社会发展规划和重要议事日程中，节水工作不到位、投入不落实、措施不得力；节约用水宣传和社会监督力度不够，激励公众参与节水型社会建设的机制不健全，全民节水意识有待加强。公众的消费行为尚未发生明显变化，节约用水、少排污废水和保护水资源等行为在公众中的比例仍较少，人们尚未将节水与水资源保护上升为一种道德和素质、一种文明的生活习惯和生活方式。

4.4　推进淮河流域节水型社会建设的保障措施

目前，淮河流域 7 个试点城市节水型社会建设均已通过水利部验收。下一步，应借鉴典型示范区的先进经验和做法，以典型示范为引领，由试点推广到全流域，全面推进流域节水型社会建设。主要措施如下：

4.4.1　完善相关法规政策，强化执法监督

建立健全节水法律法规和标准体系，严格高用水行业准入标准，修订和完善节水设计规范和技术标准。进一步完善节水检测、评价体系。推行有利于节水型社会建设的经济政策，建立健全有利于节约用水的价格、税收、信贷等政策体系，充分发挥税收的调节作用，完善和制定鼓励节水型社会建设的财税政策。适时修订和发布节水设备（产品）目录，引导生产、销售和使用高效节水设备（产品），定期发布"淘汰落后的高耗水工艺和设备（产品）目录"和"鼓励使用的节水工艺和设备（产品）目录"。各级政府机构要优先采购纳入政府采购目录的节水设备（产品）。通过财政支持、税收优惠、差别价格和信贷等政策，鼓励开发和利用再生水、海水、雨洪水、微咸水等非常规水源。

严格节水管理，明确节水执法主体，水利、环保、农业、工商等部门密切合作，强化节水执法监督管理，加大监管和处罚力度，严格执法。

4.4.2　加强用水管理，强化基础工作

结合取水许可制度，全面实行建设项目和规划水资源论证制度，加强用水计量的监督管理，建立完善的水资源计量监控体系。取水计量器具必须符合国家有关要求，公共建筑和住宅用水计量到户，工业用水计量设施安装要符合有关规定，灌区农业用水计量设施安装到斗渠，井灌区用水实行计量，建立地下水动态监测、监督体系，建立用水、节水数据采集监测体系。

加强用水统计，完善用水统计制度，做好供用水统计及水资源管理年报工作，规范用水统计内容和统计标准，把用水和节水统计纳入国民经济核算体系。

大力推进农民用水户参与灌溉管理。积极组织和引导建立农民用水者协会，规范农民用水者协会的运作，引导用水户通过用水合作组织对用水、交费、工程维护等进行自主管理，逐步建立用水户自主管理与水管单位专业化服务相结合的管理模式。

做好工业水平衡测试工作，特别是对用水大户，要通过水平衡测试加强企业内部的用水管理，提高企业的用水效率。

4.4.3　加大政府投入，拓展融资渠道

完善节水投入机制，各级政府要把建设节水型社会列入同级国民经济和社会发展计划，保障节水型社会建设有稳定的投入，并逐年增加。继续加大对节水灌溉和灌区节水改造的投入，加大对工业节水技术改造的支持力度。对用水监测与计量设施安装和改造、非常规水源利用等方面给予专

项资金支持。

各级政府按照规划目标和任务，安排专项资金重点支持节水型社会试点及示范区建设。城市供水管网改造资金主要由地方和企业筹资投入，国家在政策上加以引导，并给予适当补助。大力推进城市再生水利用，对再生水利用示范项目给予必要的补助。

完善政府、企业、社会多元化节水投融资机制，引导社会资金参与，积极鼓励民间投资，拓宽融资渠道，鼓励民间资本投入节水设备（产品）生产、农业节水、工业节水改造、城市管网改造、污水处理再生利用等项目。

4.4.4 严格绩效考核，扩大公众参与

建立节水绩效考核制度。地方各级政府对本地区建设节水型社会负总责，规划中的约束性指标要分解落实到有关部门，纳入各地区、各部门经济社会发展综合评价和绩效考核指标体系。建立科学的目标管理指标体系，明确目标和责任，落实建设节水型社会的各项措施，把岗位责任制和目标任务管理结合起来。建立节水型社会指标评价体系，对节水工作做出突出贡献的单位和个人给予表彰和奖励。

推进公众参与节水管理。完善公众参与机制，推进社会公众广泛参与节水管理，提高公众参与节水的自觉性，积极开发公众参与的有效途径，如使公众能够参与水权、水量分配、管理、监督和水价的制定等。发挥行业协会等社会团体的作用，鼓励举报各种浪费水资源、破坏水环境的违法行为。对涉及群众用水利益的发展规划和建设项目，要通过听证会、论证会或社会公示等形式，听取公众意见，强化社会监督。

4.4.5 完善管理体制，统筹城乡水务

理顺节水管理体制，逐步建立政府主导、市场调节、公众参与的节水机制。在政府领导下，理顺各级节水管理机构职能，加强部门合作，建立部门协调机制，充分发挥节约用水办公室在节水型社会建设中的作用。强化城乡水资源统一管理，对城乡供水、水资源综合利用、水环境治理等实行统筹规划、协调实施，促进水资源优化配置、有效保护和高效利用。完善流域管理与区域管理相结合的水资源管理体制，建立事权清晰、分工明确、行为规范、运转协调的水资源管理工作机制。

健全基层节水管理机构，以乡镇为单元，结合农田水利基层服务体系建设，整合职能，建立健全职能明确、布局合理、队伍精干、服务到位的基层节水管理机构，全面提升基层节水管理能力。

4.4.6　加强市场监管，严格市场准入

依法加强节水产品的监督管理，严格执法。继续开展节水产品认证，研究建立强制性节水标识制度。扩大节水产品的认证范围，引导生产者和消费者生产和购买高效节水产品。规范节水产品市场秩序，由各级政府节水办公室和质量监督部门对节水产品监督抽查，强化节水产品的质量管理，严格节水产品认证市场准入，严防不合格商品流入市场。

4.4.7　依靠科技进步，推广节水新技术

高度重视科技进步对节水的作用，加快节水科技支撑体系建设，将重大节水科技创新项目列入国家科技发展计划和地方科技发展计划，重点围绕农业节水、工业节水和非常规水资源开发利用等方面，组织开展、关键和前沿节水技术的科研攻关，提高节水效率，降低节水成本。学习、借鉴国外以及国内先进地区节水经验，进一步提高节水科技水平。通过行政、工程、经济、科技、法律等多种措施的综合运用，积极推广应用节水新技术。建立和完善节水技术推广和服务体系，提高节水技术和服务水平。

4.4.8　加强宣传教育，提高节水意识

建设节水型社会是全社会的共同责任，需要动员全社会的力量积极参与。大力开展群众性节水活动，积极倡导节水生活、生产方式，增强珍惜水、爱护水的道德意识，强化自我约束和社会约束，倡导文明的生产和消费方式。充分利用广播、电视、报刊、互联网等各种媒体，宣传资源节约型、环境友好型社会建设的发展战略，宣传节约用水的方针、政策、法规和科学知识等。要深入开展"世界水日"、"中国水周"和"全国城市节水宣传周"宣传活动，大力宣传节水的重大意义，不断提高公众的水资源忧患意识和节约意识，动员全社会力量参与节水型社会建设。加强节水科技培训，交流节水经验，普及节水知识，提高全民素质。

中　篇
淮河流域节水型社会建设指标体系研究

第5章 节水型社会建设指标体系
评价方法评述

节水型社会建设指标评价方法大体上分为多元统计方法和系统分析方法。多元统计方法有主成分分析法、因子分析法、聚类分析法、典型相关分析法等；系统分析法有模糊数学评价法（FS）、灰色系统评价法（GS）、人工神经网络评价法（ANN）、数据包络分析法（DEA）、层次分析法（AHP）等。每一种方法都有其优缺点，也有其适用的条件。本书主要研究其适用条件或特点，寻找适合评价节水型社会建设指标的方法，并在原来的基础上加以改进，使其存在的缺陷最小。

下面对常用的几种评价方法进行论述，并分析其优缺点。

5.1 主成分分析法

主成分分析法（Principal Component Analysis，简称 PCA 法）是一种数学变换的方法，它把给定的一组相关变量通过线性变换转成另一组不相关的变量，这些新的变量按照方差依次递减的顺序排列，该方法是通过适当的数学变换，使新变量主成分成为原变量的线性组合。

主成分分析法的步骤如下：

（1）对原始数据进行标准化处理

设有 n 个样本，p 项指标。可得数据矩阵 $X = (X_{ij})_{n \times p}$，其中 $i = 1$，2，$\cdots$，n；$j = 1$，2，$\cdots$，p。X_{ij} 表示第 i 个样本的第 j 项指标值。

采用 Z-score 方法对数据进行标准化变换。$Z_{ij} = (X_{ij} - \bar{X}_j)/S_j$。

上式中，$\bar{X}_j = \sum_{n=1}^{n} X_{ij}/n$，$S_j^2 = [\sum_{i=1}^{n} X_{ij} - \bar{X}_j]^2/(n-1)$，其中 $i = 1$，2，$\cdots$，n；$j = 1$，2，$\cdots$，p。

（2）求指标矩阵的相关矩阵

$R=(r_{jk})_{p \times p}$，$j=1$，2，$\cdots$，p；$k=1$，2，$\cdots$，p。r_{jk}为指标j与指标k的相关系数。

$$r_{jk}=\frac{1}{n-1}\sum_{i=1}^{n}\left[(X_{ij}-\bar{X}_j)/S_j\right]\left[(X_{ik}-\bar{X}_k)/S_k\right]$$

即 $r_{ij}=\frac{1}{n-1}\sum_{i=1}^{n}Z_{ij} \times Z_{ik}$，存在$r_{ii}=1$，$r_{jk}=r_{kj}$，其中$i=1$，$2$，$\cdots$，$n$；$j=1$，$2$，$\cdots$，$p$；$k=1$，$2$，$\cdots$，$p$。

（3）求相关矩阵R的特征根特征向量，并确定主成分

由特征方程$|\lambda E-R|=0$，可求得p个特征根$\lambda_g(g=1$，2，$\cdots$，$p)$，将λ_g按大小排序，$\lambda_1>\lambda_2>\lambda_3>\cdots>\lambda_P \geqslant 0$。它就是主成分的方差，其大小表示对评价对象所起作用的大小。

每一特征根对应一个特征向量$L_g(l_{g1}$，l_{g2}，l_{g3}，$\cdots$，$l_p)$，$g=1$，2，$\cdots$，p。

将标准化后的指标变量转变为主成分，$F_g=l_{g1}Z_1+l_{g2}Z_2+\cdots+l_{gp}Z_p$。

F_1为第一主成分，F_2为第二主成分，F_p为第p主成分。

（4）求方差贡献率，确定主成分个数

选取尽量少的k个$(k<p)$主成分进行综合评价，使得信息量损失尽可能少。k值是由方差贡献率来确定，k值满足$\sum_{g=1}^{k}\lambda_g / \sum_{g=1}^{p}\lambda_g \geqslant 85\%$

（5）对k个主成分进行综合评价

先对每个主成分进行线性加权，$F_g=l_{g1}Z_1+l_{g2}Z_2+\cdots+l_{gp}Z_p$，其中$g=1$，$2$，$\cdots$，$k$。

然后对k个主成分加权求和，权数为每个主成分的方差贡献率$\lambda_g / \sum_{g=1}^{p}\lambda_g$。得最终评价值 $F=\sum_{g=1}^{k}(\lambda_g / \sum_{g=1}^{p}\lambda_g)F_g$。

5.2 层次分析法

层次分析法（Analytic Hierarchy Process，简称AHP法）是美国运筹学家T. L. Saaty于1973年提出的一种定性与定量相结合的系统分析方法。该方法是将与决策总是有关的元素分解成目标、准则、方案等层次，在此基

础之上进行定性和定量分析的决策方法，它根据专家们对指标重要程度做出的经验判断，将分散的咨询意见进行量化，对由相互关联、相互制约因素构成的复杂问题做出决策。层次分析法的特点是在对复杂的决策问题的本质、影响因素及其内在关系等进行深入分析的基础上，利用较少的定量信息使决策的思维过程数学化，从而为多目标、多准则或无结构特性的复杂决策问题提供简便的决策方法。尤其适合于对决策结果难于直接准确计量的场合。

层次分析法的基本步骤如下：

(1) 建立层次结构模型

在深入分析和明确问题的基础上，将问题因素按性质分为不同层组。一般决策问题可划分为三层结构，即目标层(指标层)、准则层、方案层(措施层)。利用框图描述层次的递阶结构与诸因素的从属关系建立起的层次结构模型，如图 5-1 所示。

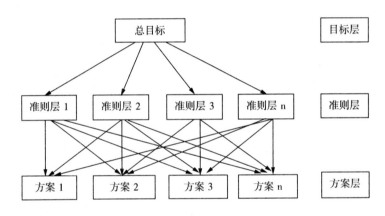

图 5-1　层次结构模型图

目标层是层次分析法要达到的总目标，是层次结构模型的最高层。准则层是实现预定目标采取的某种原则、策略、方式等中间环节，通常又称策略层、约束层，是层次结构模型的中间层。方案层则是所选用的解决问题的各种措施、方法及方案等，是层次结构模型的最底层。

(2) 构造判断矩阵

从层次结构模型的第 2 层开始，对于从属于(或影响)上一层每个因素的同一层诸因素，用成对比较法构造成判断矩阵，直到最下层。

该方法首先引用数字 1 ～ 9 及其倒数作为标度构成判断矩阵，参见表 5-1。

表 5-1 层次分析法成对比较判断矩阵赋值表

标度	含义
1	两因素相比，具有相同重要性
3	两因素相比，前者比后者稍重要
5	两因素相比，前者比后者明显重要
7	两因素相比，前者比后者强烈重要
9	两因素相比，前者比后者极端重要
2，4，6，8	表示上述相邻判断值的中间值
倒数	若 i 与 j 的重要性之比为 a_{ij}，则 j 与 i 的重要性之比为 $1/a_{ij}$

针对上一层的某个因素，对于本层次所有元素的影响，进行两两比较。如，针对图 5-1 中准则层 l，作方案 l 与方案 2，方案 l 与方案 3，…，方案 l 与方案 n，方案 2 与方案 3，…，方案 $n-l$ 与方案 n 等比较，从而得到判断矩阵 U。判断矩阵 U 中元素值反映了人们对各因素相对重要性的认识。

（3）计算权重向量

计算判断矩阵的最大特征根及对应特征向量。计算该矩阵每一行元素的乘积。

$M_i = \prod_{j=1}^{n} U_{ij}$，$j = 1，2，…，n$。$n$ 为一级指标下二级指标的个数。

计算 M_i 的 n 次方根，$\overline{w}_i = \sqrt[n]{M_i}$，得到权重向量 $\overline{w}_i = (\overline{w}_1，\overline{w}_2，…，\overline{w}_n)$。

再作归一化处理，得到特征向量 $w_i = \overline{w}_i / \sum_{j=1}^{n} \overline{w}_j$。

计算特征向量的最大特征根 $\lambda_{\max} = \sum_{i=1}^{n} \frac{(U \cdot w^{\mathrm{T}})_i}{nw_i} = \frac{1}{n} \sum_{i=1}^{n} \frac{(U \cdot w^{\mathrm{T}})_i}{w_i}$，$j = 1，2，…，n$。

（4）进行一致性检验

所谓一致性，是衡量判断矩阵中判断质量的标准。用随机一致性比率 $CR < 0.1$ 作为矩阵具有满意的一致性的判据。

由此可得到判断矩阵的一致性指标 $CI = \frac{1}{n}(\lambda_{\max} - n)$，得出 $CR = CI/RI$，其中 RI 为判断矩阵。当 $CR < 0.1$ 时，则认为通过一致性检验，

特征向量（归一化后）即为权向量；若不通过一致性检验，则需要重新调整，重新构造判断矩阵。

5.3　模糊综合评判法

模糊综合评价法（Fuzzy Comprehensive Evaluation Method）是模糊数学中最基本的数学方法之一，该方法是以隶属度来描述模糊界限的。由于评价因素的复杂性、评价对象的层次性、评价标准中存在的模糊性以及评价影响因素的模糊性或不确定性、定性指标难以定量化等一系列问题，使得人们难以用绝对的"非此即彼"来准确地描述客观现实，经常存在着"亦此亦彼"的模糊现象，其描述也多用自然语言来表达，而自然语言最大的特点是它的模糊性，而这种模糊性很难用经典数学模型加以统一量度。因此，建立在模糊集合基础上的模糊综合评判方法，从多个指标对被评价事物隶属等级状况进行综合性评判，它把被评判事物的变化区间做出划分，一方面可以顾及对象的层次性，使得评价标准、影响因素的模糊性得以体现；另一方面在评价中又可以充分发挥人的经验，使评价结果更客观，符合实际情况。该方法根据模糊数学的隶属度理论把定性评价转化为定量评价，即用模糊数学对受到多种因素制约的事物或对象做出一个总体的评价。

模糊综合评价法中的有关术语定义如下：

（1）评价因素（F）：系指项目评议的具体内容。为便于权重分配和评议，可以按评价因素的属性将评价因素分成若干类，把每一类都视为单一评价因素，并称之为第一级评价因素（F_1）。第一级评价因素可以设置下属的第二级评价因素。第二级评价因素可以设置下属的第三级评价因素（F_3）。依此类推。

（2）评价因素值（F_v）：系指评价因素的具体值。

（3）评价值（E）：系指评价因素的优劣程度。评价因素最优的评价值为1；欠优的评价因素，依据欠优的程度，其评价值大于或等于零、小于或等于1，即$0 \leqslant E \leqslant 1$。

（4）平均评价值（E_p）：系指评判委员会成员对某评价因素评价的平均值。平均评价值（E_p）＝全体评判委员会成员的评价值之和/评委数

（5）权重（W）：系指评价因素的地位和重要程度。第一级评价因素的权重之和为1；每一个评价因素的下一级评价因素的权重之和为1。

（6）加权平均评价值（E_{pw}）：系指加权后的平均评价值。加权平均评价值（E_{pw}）＝平均评价值（E_p）×权重（W）。

（7）综合评价值（E_z）：系指同一级评价因素的加权平均评价值（E_{pw}）之和。综合评价值也是对应的上一级评价。

模糊综合评价法的一般步骤：

（1）模糊综合评价指标的构建。模糊综合评价指标体系是进行综合评价的基础，评价指标的选取是否适宜，将直接影响综合评价的准确性。进行评价指标的构建应广泛涉猎与该评价指标系统行业资料或者相关的法律法规。

（2）构建权重向量。可通过专家经验法或者 AHP 层次分析法构建好权重向量。

（3）构建评价矩阵。建立适合的隶属函数从而构建好评价矩阵。

（4）评价矩阵和权重的合成。采用适合的合成因子对其进行合成，并对结果向量进行解释。

模糊评价法不仅可对评价对象按综合分值的大小进行评价和排序，而且还可根据模糊评价集上的值按最大隶属度原则去评定对象所属的等级。这就克服了传统数学方法结果单一性的缺陷，结果包含的信息量丰富，它很好地解决了判断的模糊性、不确定性以及难以量化的问题。模糊综合评判可以做到定性和定量因素相结合，扩大信息量，使评价数度得以提高，评价结论可信。

5.4 评价方法比较

以下对上述常用的几种评价方法进行比较分析：

主成分分析方法能消除评价指标间的相关影响，即通过指标变量变换，可消除指标间的相关性，形成相互独立的主成分；可减少指标，减轻工作量；能客观确定各个指标的权重，避免主观随意性。不足之处是主成分分析方法对数据的依赖性较大，对数据质量要求较高，数据质量较差将造成计算结果失真；同时，主成分分析法无法测算信息化的构成要素水平以及总水平与构成要素等相互间的影响，难以充分满足分析与宏观决策的需要。

层次分析法通过整理和综合专家们对指标重要程度所做的经验判断值，将分散的咨询意见数量化与集中化，以解决对由相互关联、相互制约的众多因素构成的复杂问题的科学决策。层次分析法确定权重越来越受到重视，这种确定权重的方法可以相对减少主观因素的影响，并得到多方面的应用。但随着判别矩阵的增大，出现前后矛盾甚至错判的差错率较高，难以满足一致性检验的要求。因此，目前进行的评价活动中，大多采用德尔菲法与层次分析法相结合，即初始权重的确定采用德尔菲法，之后通过层次分析法对初始权重进行处理和检验，以生成各层指标的权重来解决这一问题。

模糊综合评判方法具有适用面广、可用于处理多层次问题和评价结果唯一等特点。隶属函数和模糊统计方法为定性指标的定量化提供了有效方法，实现了定性和定量方法的有效集合；一些问题往往不是绝对的肯定或绝对的否定，涉及模糊因素，而模糊综合评判方法则很好地解决了判断的模糊性和不确定性问题。由于模糊综合评价方法在某种程度上解决了一些定性指标的量化问题，因此受到了广泛关注，现已成为一种常用而且重要的系统综合评价方法和研究手段。模糊综合评价方法的不足之处是在具体应用过程中仅能告诉决策者各评价对象的好坏程度，却无法找出较差单元无效的原因；同时，各因素的权重分配主要靠人的主观判断，当因素较多时，权数难以恰当分配。

与常规数学评价方法和多元统计评价方法相比，层次分析法和模糊综合评价法具有适用面比较广、可用于处理多层次问题和评价结果是唯一等特点。这种唯一的评价结果在实际工作中显得非常重要，因为只要有了这个评价结果就可以和其他的同质问题的效果进行比较，也可以用这个结果进一步对这个问题进行更深、更细的评价。相比较而言，层次分析方法的优点较为明显。

通过对以上方法比较分析，可以看出层次分析方法有利于对节水型社会总目标实现程度做出更准确的判断，分级将同类性质的指标归类处理后，则可以比较容易地对结果进行分析判断；分级可对区域的节水型社会实现程度有一个更深刻的了解，更有针对性地采取相应的措施与对策；对节水型社会分级将指标归类处理，这样便于计算研究，所得结果也相对更准确，更加符合实际情况。

第6章 淮河流域节水型社会建设
评价指标体系构建

6.1 构建方法

有效地选择合理的构建方法，有利于增强指标体系建立的科学性。指标体系的构建方法很多，应用较多的有以下几种方法。

（1）调查研究及专家咨询法

这种方法是通过调查研究，在广泛收集有关指标的基础上，利用比较归纳法进行归类，并根据评价目标设计出评价指标体系，再以问卷的形式把所设计的评价指标体系寄给有关专家征求意见。

（2）多元统计法

这种方法是通过因子分析和聚类分析等方法，从初步拟定的较多指标中找出关键性指标。一般先进行定性分析，初拟出有关研究对象所要评价的各种要素。然后进行第二阶段的定量分析，对第一阶段所提出的分析结果进行进一步的深化和扩展，一般是对第一阶段初拟的指标体系进行聚类分析和主成分分析。聚类分析的目的在于找出初拟指标体系中各指标之间的有机联系，把相似的指标聚以成类。主成分分析的目的在于找出初拟指标体系中那些起决定作用的指标，在此基础上再进行因子分析，指出新指标体系中各指标的主次位置。

多元统计是解决多因子问题的一种有效方法。其主要的优点是，具有逻辑和统计意义，科学性强；能综合简化要素，解决要素的归属、要素间的联系和隶属位次等问题；能建立定性与定量相结合的评价指标体系；能处理大量的数据和信息。

（3）目标分解法

这种方法是通过对研究主体的目标或任务具体分析来建构评价指标体系。对研究对象进行分解，一般是从总目标出发，按照研究内容的构成进

淮河流域节水型社会建设与制度体系研究

行逐次分解，直到分解出来的指标达到可测的要求。

本评价指标体系是综合采用上述三种方法构建的，其中指标体系整体框架的搭建是采用目标分解法，具体指标的选取综合采用了多元统计法和专家咨询法。

6.2 指标体系总体构架

根据淮河流域节水型社会建设水平这一目标，采用目标分解法，结合淮河流域的特点，确定淮河流域节水型社会建设评价指标体系采用分区域、分层次的结构。分区域体现在：一部分为通用指标，适用于各区域，一部分为区域性指标，适用于特定类型区。分层次体现在两方面，一部分是淮河流域核心指标；另一部分是参考指标，为与节水型社会建设相关，但比其他指标相关性稍弱，且实际运用中操作性可能有难度的指标，使用中根据资料情况可适当选择，核心指标较难获取资料时，可以参考指标替代。在具体评价某个地区或城市时，还可以增加地区的特殊指标。淮河流域节水型社会建设评价指标体系总体结构如图 6-1。

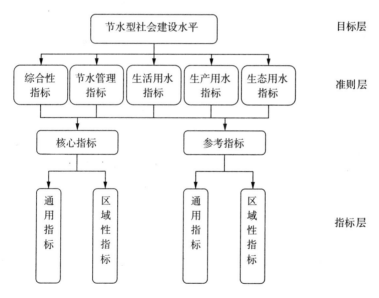

图 6-1 淮河流域节水型社会建设评价指标体系结构

（1）目标层

构建本指标体系的目的就是用来评判淮河流域节水型社会建设情况，

从而指导淮河流域节水型社会建设工作，即在建设过程中通过采取相应的措施，进而实现对某些可调节指标的调控，以提高淮河流域节水型社会建设的水平。因此，本指标体系的目标层指标为节水型社会建设水平。

（2）准则层

参考国内外各城市及地区节水型社会评价指标，根据淮河流域水资源特点、开发利用的实际情况以及淮河流域节水型社会建设的重点，建立具有淮河流域特色的节水型社会建设评价指标体系。采用目标分解法，将淮河流域节水型社会建设水平这一目标指标进行分解，以水利部《节水型社会建设评价指标体系（试行）》为指导，本指标体系的准则层指标包括以下五个方面：

① 综合性指标

遵照综合性与单项性相结合的原则，所选指标既有反映综合情况的，又有反映单项情况的。综合性指标即是为反映节水型社会建设水平，综合考虑多方面、多领域的相关因素而制定的评价指标。

② 节水管理指标

传统的节水，更偏重于节水的工程、设施、器具和技术等措施，偏重于发展节水生产力，主要通过行政手段来推动。而节水型社会的建设，主要通过制度建设，注重对生产关系的变革，形成以经济手段为主的节水机制。因此，节水型社会建设的核心是制度建设，节水管理指标是不可缺少的。

③ 生活用水指标

生活用水是衡量节水型社会建设水平的一项最基本内容，在保障人民群众生活用水的基础上，实施节约用水的管理措施，节水型社会建设才具有实际意义。

④ 生产用水指标

生产用水是节水型社会建设的一项关键内容。改进生产工艺、减少生产过程对水资源的消耗，提高生产用水的效率，对节约用水及节水型社会建设的贡献举足轻重。

⑤ 生态指标

生态环境建设是节水型社会建设的目标之一。节水型社会建设目的不仅仅在于节约水资源，更重要的是通过节约水资源，达到改善生态环境、减少排污、最终实现建设节水减污型社会的目的。

（3）指标层

本研究具体指标的选取综合采用了目标分解法和专家咨询法，即把综合性指标、节水管理指标、生活用水指标、生产用水指标、生态指标这五个准则层指标继续分解落实到单个指标上，在此基础上进一步征询有关专家意见，对指标进行调整。在分析淮河流域的节水型社会建设实际情况的基础上，依据水利部《节水型社会建设评价指标体系（试行）》，参考国内外各城市及地区节水型社会评价指标，通过目标分解法，同时查阅相关文献，确定55个备选指标，作为淮河流域节水型社会建设评价指标初集，提请专家进行咨询，在综合各专家意见和建议的基础上，进行限量选择，结合淮河流域不同区域的特点，构建分区域、分层次的淮河流域节水型社会建设评价指标体系。

6.3　评价指标体系初集

以水利部《节水型社会建设评价指标体系（试行）》为基础，参考国内外各城市及地区节水型社会评价指标，进行外包整合，从反映节水型社会建设的综合性指标、节水管理指标、生活用水指标、生产用水指标、生态用水指标五个方面来构建淮河流域节水型社会建设评价指标体系初集。指标体系初集见表6-1：

表6-1　淮河流域节水型社会建设评价指标体系初集

类别	序号	指　　　标
综合性指标	1	人均 GDP 增长率
	2	人均综合用水量
	3	万元 GDP 取水量及下降率
	4	三产用水比例
	5	计划用水率
	6	自备水源供水计量率
	7	其他水源替代水资源利用比例
	8	农民人均纯收入 *
	9	城市居民收入 *
	10	总用水量 *
	11	地表水引用量 *
	12	单方水 GDP 产出 *
	13	三次产业结构 *

类别	序号	指　　标
节水管理	14	管理体制与管理机构
	15	制度法规
	16	节水型社会建设规划
	17	用水总量控制与定额管理两套指标体系的建立与实施
	18	促进节水防污的水价机制
	19	节水投入保障
	20	节水宣传
生活用水	21	城镇居民人均生活用水量
	22	节水器具普及率（含公共生活用水）
	23	居民生活用水户表率
	24	居民饮用水质量合格率*
	25	单方生活节水投资*
	26	农村生活用水定额*
	27	城镇居民生活用水定额*
	28	供水管网漏失率*
生产用水	29	灌溉水利用系数
	30	节水灌溉工程面积率
	31	农田灌溉亩均用水量
	32	主要农作物用水定额
	33	万元工业增加值取水量
	34	工业用水重复利用率
	35	主要工业行业产品用水定额
	36	自来水厂供水损失率
	37	第三产业万元增加值取水量
	38	污水处理回用率
	39	高耗水作物比重*
	40	单方水主要农作物产量*
	41	渠系水利用系数*
	42	单方农业节水投资*

类别	序号	指　标
生态指标	43	工业废水达标排放率
	44	城市生活污水处理率
	45	地表水水功能区达标率
	46	地下水超采程度（地下水超采区使用）
	47	地下水水质Ⅲ类以上比例
	48	人口密度 *
	49	饮用水源地水质状况 *
	50	生态用水定额 *
	51	地表水资源开发利用率 *
	52	水土流失治理率 *
	53	湿地面积 *
	54	森林覆盖率 *
	55	城镇绿化覆盖率 *

注：带 * 为在水利部评价指标基础上新增指标（下同）

6.4　淮河流域分区

淮河流域主要涉及安徽、江苏、河南、山东四省，各区域社会经济发展、水资源开发利用、节约用水水平以及节水型社会建设重点差异比较大，不同区域水资源条件和供需矛盾有一定的差别，一套指标体系很难满足全流域不同区域的需要，因此，本研究根据淮河流域的水资源条件和经济发展状况，分别以水资源二级区和地级行政区为单元，将淮河流域分区，构建分区域、分层次的淮河流域节水型社会指标体系。

6.4.1　分区原则

（1）水资源条件

节水型社会建设与水资源条件密切相关，节水型社会评价分区以水资源条件作为第一依据。水资源丰缺的主要特征是人均水资源量，因此用人均水资源量作为水资源条件的主要标准。一个地区的过境水资源，往往都可以方便地利用，因此人均水资源量必须考虑过境水资源。水资源丰缺的另一特征是干旱程度，干旱程度可用干旱指数表示。但干旱程度又与降水量密切相关，考虑降水量比较直观，且各地区降水量资料比干旱指数资料容易获取，因此选择地区年降水量作为干旱程度指标。用人均水资源量（含过境水）和年降水量2个因子基本上可以确定地区的水资源条件。水资源丰、平、缺状况划分标准如表6-2。

表6-2　分区水资源丰、平、缺划分标准

年降水量（mm）	人均水资源（m³）		
	>1500	1500～600	<600
>400	丰	平	缺
200～400	平	平	缺
<200	缺	缺	缺

（2）经济发展程度

国内供需矛盾和节水需求与经济发展程度关系很大，经济发达，水资源需求就高。因此以经济发展程度作为节水型社会评价分区的第二依据。经济发展程度的主要衡量特征是人均GDP。经分析，经济发展水平对水资源供需矛盾的影响要小于水资源条件，经济发展水平按照人均GDP分为两类。根据2006年人均GDP情况，将人均GDP>10000元地区定为经济发达区，否则为欠发达区。

6.4.2　节水型社会评价分区

节水型社会建设一般以行政区为单位，本研究为方便实际应用，全面评价节水型社会建设情况，故分别按照水资源二级区和地级行政区对节水型社会评价区进行了划分。

按照水资源条件和经济发展程度的划分标准，对淮河区5个水资源二级分区进行节水型社会评价分区，结果如下：缺水发达地区（简称缺、发）1个，缺水欠发达地区（简称缺、欠）1个，平水欠发达地区（简称平、欠）3个。淮河流域水资源二级分区情况见表6-3、图6-2。

表6-3　淮河流域二级区分区情况表

二级区	面积	降水量	人均水资源	人均GDP	类型区	备注
淮河上游（王家坝以上）	30588	1012.9	791	3670.9	平、欠	
淮河中游（王坝至洪泽湖出口）	128784	913.9	483	4636.4	平、欠	有过境水

二级区	面积	降水量	人均水资源	人均GDP	类型区	备注
淮河下游 （洪泽湖出口以下）	30660	1008.6	548	7524.8	平、欠	有过境水
沂沭泗河	78925	796.8	450	5677.3	缺、欠	
山东半岛沿海诸河	61052	659.0	382	13804.5	缺、发	

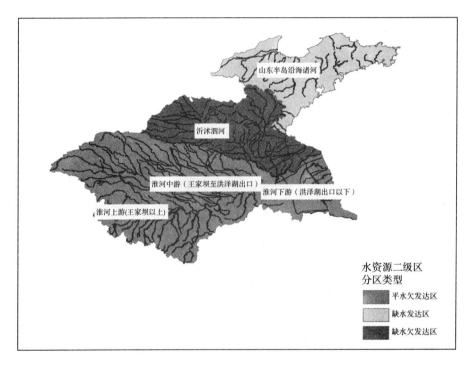

图 6-2　淮河流域水资源二级区类型

按照水资源条件和经济发展程度的划分标准，对淮河区主要涉及的河南、安徽、江苏、山东四省 41 个市（地）进行节水型社会评价分区，结果如下：其中缺水发达地区（简称缺、发）6 个，缺水欠发达地区（简称缺、欠）17 个，平水欠发达地区（简称平、欠）12 个，丰水发达地区（简称丰、发）1 个，平水发达地区（简称平、发）4 个，丰水欠发达地区（简称丰、欠）1 个。以上分类仅供参考，各地在确定自身建设目标时可根据本地实际情况准确定位所属类型。淮河流域地级行政区分区情况见表 6-4，图 6-3。

表 6-4　淮河流域地级行政区分区情况

行政区		类型区
省级区	地　区	
安徽省	合肥市	缺、欠
	蚌埠市	平、欠
	淮南市	平、欠
	淮北市	缺、欠
	滁州市	平、欠
	阜阳市	缺、欠
	宿州市	缺、欠
	六安市	丰、欠
	亳州市	缺、欠
江苏	徐州市	缺、欠
	南通市	丰、发
	连云港市	缺、欠
	淮安市	平、欠
	盐城市	平、欠
	扬州市	平、发
	泰州市	平、发
	宿迁市	缺、欠
山东省	济南市	缺、发
	青岛市	缺、发
	淄博市	缺、发
	枣庄市	缺、欠
	东营市	平、发
	烟台市	缺、发
	潍坊市	缺、发
	济宁市	缺、欠
	威海市	缺、发
	日照市	缺、欠
	临沂市	缺、欠
	滨州市	平、欠
	菏泽市	缺、欠

淮河流域节水型社会建设与制度体系研究

行政区		类型区
河南省	郑州市	平、发
	开封市	平、欠
	洛阳市	平、欠
	平顶山市	缺、欠
	许昌市	缺、欠
	漯河市	缺、欠
	南阳市	平、欠
	商丘市	缺、欠
	信阳市	平、欠
	周口市	平、欠
	驻马店市	平、欠

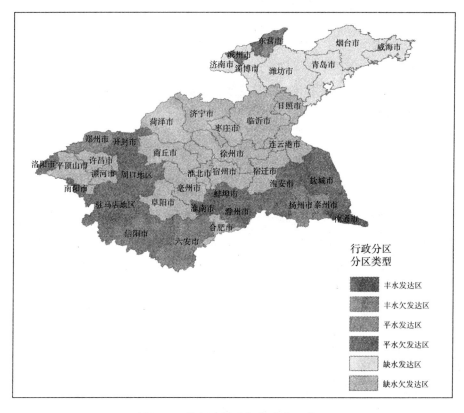

图6-3　淮河流域地级行政分区类型

6.5 评价指标的筛选

6.5.1 筛选方法

本次研究，评价指标筛选采用专家咨询的方法，并考虑淮河流域客观条件，主要包括两方面：

（1）定性分析，首先通过理论分析法，对节水型社会建设的内涵、特征及淮河流域的需求及问题进行综合分析，确定出重要的、能体现淮河流域节水型社会建设评价特征的指标，然后采用"Delphi 法"，即专家咨询法，通过向专家咨询，依靠经验和专家知识来筛选评价指标。将 55 个指标提请专家进行咨询，在综合各专家意见和建议的基础上，进行限量选择，确定淮河流域节水型社会建设评价指标体系。

（2）流域内或典型试点地区各指标有无完整的可靠资料。有些指标即使对于反映评价对象有很好的表征意义，但却无实际的操作可能，因此需要将这些指标筛选掉。

6.5.2 筛选原则

淮河流域资源型缺水和水质型缺水并存，节水型社会建设评价指标体系应反映淮河流域节水型社会建设的特色及目标。对于淮河流域，资源型缺水和水质型缺水都非常严峻，其节水型社会建设不仅要实现节约用水，还要通过节水，促进减污，建设既能节约用水又能减少排污的节水型社会。

因此，在筛选淮河流域节水型社会建设评价指标时，即按照上述目标及不同分区的特点，筛选遵循三大原则：（1）能反映淮河流域节约用水的水平；（2）能反映出污水排放和污水处理的程度和趋势；（3）能反映淮河流域不同分区的特点和实际。

6.5.3 筛选结果

通过专家咨询，综合各专家的意见和建议，并考虑淮河流域各区域水资源条件、供需矛盾和经济发展状况等具有显著差别，从上述指标初集中筛选了 20 个指标构成淮河流域节水型社会建设评价指标体系（见表 6-5），其中核心指标 18 个（包括 12 个通用指标和 6 个区域性指标），参考指标 2 个。在具体评价时，根据评价区域特点，对核心指标与参考指标进行选择，配合使用，还可以根据该地区的具体情况，再适当增加和调整。

表6-5 淮河流域节水型社会建设评价评价指标体系

类 别		序 号	指 标	适用范围
核心指标	综合性指标	1	人均 GDP 增长率	通用
		2	万元 GDP 取水量	通用
	节水管理	3	节水机构健全	通用
		4	节水法规制度完善	通用
		5	节水型社会建设规划制定	通用
		6	促进节水防污的水价机制	发达缺水区
		7	节水投入保障	发达缺水区
	生活用水	8	节水器具普及率（含公共生活用水）	通用
		9	供水管网漏损率	通用
	生产用水	10	灌溉水利用系数	通用
		11	万元工业增加值取水量	通用
		12	工业用水重复利用率	通用
		13	节水灌溉工程面积率	缺水区
		14	污水处理回用率	发达缺水区
	生态指标	15	工业废水达标排放率	通用
		16	地表水水功能区水质达标率	通用
		17	城市生活污水集中处理率	发达区
		18	地下水超采程度（地下水超采区使用）	地下水超采区
参考指标	生产用水	19	渠系水利用系数	通用
	生活用水	20	居民生活用水户表率	通用

6.6 评价指标的解释

6.6.1 选取理由

（1）综合性指标

综合评价指标中包括人均 GDP 增长率和万元 GDP 取水量。每个指标的具体选择理由见表6-6。

表 6-6　综合性指标选取理由

类型区	指　标	选取理由
通用	人均 GDP 增长率	国际通用指标，也是反映小康社会建设的经济指标，由于已按经济发展类型分区，故选用人均 GDP 增长率作为小康社会的代表指标
通用	万元 GDP 取水量	目前通用的反映用水效率的宏观指标，是产业结构调整和节水效率的综合反映，是国际通用指标，比万元产值取水量更客观

（2）节水管理类

节水管理指标可分为：组织机构、法规标准等类别，选取理由见表6-7。

表 6-7　节水管理类评价指标选取理由

类型区	指　标	选取理由
通用	节水机构健全	组织机构是节水管理的基础和保障
通用	节水法规制度完善	节水法规制度是节水管理的依据
通用	节水型社会建设规划制定	节水规划是节水管理的方向和目标
发达缺水区	促进节水防污的水价机制	是推进节水型社会建设的有效杠杆，欠发达区较难实施，因此，该指标不具有实际意义
发达缺水区	节水投入保障	节水投入是节水持之以恒的保障，是节水管理的长效保障措施，欠发达区较难保证，因此，该指标不具有实际意义

（3）生活用水类

生活用水节水指标包括节水器具普及率、供水管网漏损率、居民生活用水户表率，选择理由见表6-8。

表 6-8　生活用水类节水评价指标选取理由

类型区	指　标	选取理由
通用	节水器具普及率	考核居民生活节水措施的主要指标，反映政府和民众节水意识
通用	供水管网漏损率	考核供水过程中的节水水平，反映政府、自来水公司和民众的节水意识，该指标实际上是综合类指标，但国际上大多放在城市生活类

类型区	指　　标	选取理由
通用	居民生活用水户表率	考核和促进居民生活用水计量的指标，是生活节水的基础指标，同时也反映民众节水意识。在节水器具普及率难以取得的情况下，用其代替

（4）生产用水类

生产用水包括工业用水和农业用水两类。工业节水指标包括万元工业增加值取水量、工业用水重复利用率、污水处理回用率；农业节水指标包括灌溉水利用系数、节水灌溉工程面积率、渠系水利用系数。各类指标选择理由见表 6-9。

表 6-9　生产用水类评价指标选取理由

类型区	指　　标	选取理由
通用	万元工业增加值取水量	目前通用的反映工业用水效率的宏观指标，是工业产业结构调整、节水工艺和技术及节水效率的综合反映，也是国际通用指标
通用	工业用水重复利用率	提高工业用水重复利用率是工业节水的主要措施，该指标是考核工业节水程度和节水水平的主要指标，是国际通用指标
发达缺水区	污水处理回用率	工业废水、污水处理回用是考核节水、减污的主要指标，是考核经济发达缺水区工业节水程度的重要指标
通用	灌溉水利用系数	真实反映农业用水效率和节水水平的指标，如果该指标难以取得，可选用渠系水利用系数代替。亩均灌溉水量虽然是目前通用的农业用水指标，但是由于其与有效降水密切相关，很难用来考核节水成绩，而且与灌溉水有效利用系数相关性高，因此舍去
缺水区	节水灌溉工程面积率	农业灌溉节水工程措施的主要指标，反映农业节水的力度和可持续节水的能力，在缺水区，其余节水措施指标与该指标相比，重要性低得多
通用	渠系水利用系数	在灌溉水利用系数难以取得的情况下，用其代替

（5）生态指标类

生态用水评价指标包括工业废水达标排放率、地表水水功能区水质达标率、城市生活污水集中处理率、地下水超采程度，指标选择理由见表6-10。

表6-10　生态类评价指标选取理由

类型区	指标	选取理由
通用	工业废水达标排放率	工业用水节水减污的考核指标，是控制河流水质的重要指标，国际通用指标
通用	地表水水功能区水质达标率	地表水生态状况，反映节水减污的重要指标
发达区	城市生活污水集中处理率	城市生活节水减污的考核指标，是控制河流水质的重要指标，国际常用指标
地下水超采区	地下水超采程度	地下水生态考核指标，由于地下水超采率评价困难，建议采用定性指标

6.6.2　指标定义和计算分析方法

指标定义与计算分析方法见表6-11。

表6-11　指标定义与计算分析方法

指标	定义	计算方法
人均GDP增长率	地区当年人均GDP比上年增长的百分数	地区（当年人均GDP－上年人均GDP）/上年人均GDP×100%
万元GDP取水量	地区每产生一万元国内生产总值的取水量	地区总取水量/GDP
节水机构健全	水资源统一管理；县级以上人民政府都有节水管理机构，县以下政府有专人负责，企业、单位有专人管理，农村用水有管理组织	水资源统一管理30分，县级以上人民政府都有节水管理机构20分，县以下政府有专人负责20分，企业、单位有专人管理15分，农村用水有管理组织15分。由参加评价的专家分项进行定性分析

指标	定　义	计算方法
节水法规制度完善	具有系统的水资源管理和节约用水规章，节水执法得当	用水总量控制和定额管理相结合的管理制度25分；有取水许可制度15分；有水资源有偿使用制度10分；有水资源论证制度10分；有节水减排制度10分；有节水产品认证和市场准入制度10分；有用水计量制度10分；用水、节水统计制度10分。由参加评价的专家分项进行定性分析
节水型社会建设规划制定	县级以上人民政府制定了节水型社会建设规划，节水型社会各项工作按照规划有序进行	规划经地方政府和上一级水利部门批准50分，执行情况50分。执行情况由参加评价的专家定性分析
促进节水防污的水价机制	建立充分体现水资源紧缺、水污染严重状况、促进节水防污的水价机制	由参加评价的专家分项进行定性分析
节水投入保障	政府保障对节水型社会建设的投入；拓宽融资渠道，民间资本投入	由参加评价的专家按照投入情况进行定性分析
节水器具普及率（含公共生活用水）	评价年公共生活和居民生活用水使用节水器具数与总用水器具之比。节水器具包括节水型水龙头、便器、洗衣机和淋浴器	公共生活和居民生活用水使用节水器具数/公共生活和居民生活用水总用水器具数
供水管网漏损率	评价年自来水厂产水总量与收费水量之差占产水总量的百分比	（自来水厂出厂水量—自来水厂收费水量）/自来水厂出厂水量×100%
居民生活用水户表率	公共供水的居民家庭装表户占总用水户数的百分比	公共供水的居民家庭装表户数/总用水户数×100%
灌溉水利用系数	评价年作物净灌溉需水量占灌溉水量的比例系数	农作物净灌溉需水量/灌溉水量×100%

指标	定义	计算方法
渠系水利用系数	评价农业灌溉渠系输水效率的比例系数	净灌溉水量/毛灌溉水量×100％
万元工业增加值取水量	地区评价年每产生一万元工业增加值的取水量	当年工业水资源取用总量/工业增加值
工业用水重复利用率	评价年工业用水重复利用量占工业总用水的百分比	工业用水重复利用量/工业总用水量×100％
节水灌溉工程面积率	评价年节水灌溉工程控制面积占有效灌溉面积的百分比。节水灌溉工程包括渠道防渗、低压管灌、喷滴灌、微灌和其他节水工程。	投入使用的节水灌溉工程面积/有效灌溉面积×100％
污水处理回用率	污水处理后回用量占污水处理总量的百分比	污水处理后回用量/污水处理总量×100％
工业废水达标排放率	评价年达标排放的工业废水量占工业废水排放总量的百分比	达标排放的工业废水量/工业废水排放总量×100％
地表水水功能区水质达标率	评价年水功能区达标数占水功能区总数的百分比	水功能区达标水面面积/划定水功能区水面总面积总数×100％
城市生活污水集中处理率	城市集中处理的生活污水量（达到二级标准）占污水总量的百分比	城市集中处理的生活污水量（达到二级标准）/污水总量×100％
地下水超采程度（地下水超采区使用）	地下水超采区评价期地下水开采量中超过可开采量的水量与可开采量的比值。	根据基本平衡、轻度超采、中度超采、严重超采等情况由专家定性分析

第7章 淮河流域节水型社会建设指标体系评价模型

7.1 评价方法和技术

从前面的分析看，每一种方法都有其优点，也有其适用的条件。本次主要是研究其适用条件或特点，寻找适合评价节水型社会建设水平的方法，不追求方法的复杂性，而力求评价方法的简明和科学。

综合评价模型都包含有"量化"、"加权"、"合成"三项基本要件，对于多指标综合评价，一种非常简明的评价思想是：将每一个评价指标按照一定的方法量化，变成对评价问题测量的一个"量化值"，然后再按一定的合成模型加权合成求得总评价值。

7.2 指标的标准化处理

在一般的评价指标体系中，由于各个指标所使用的单位不同，为了能够比较各个指标，同时为了计算指标的综合指数，需要进行数据的标准化处理。标准化方法有多种，主要有幂函数型，标准型和等级型等，常用的是标准型标准化方法。

根据指标的内涵，一般指标分为效益型和成本型两大类，效益型指标即属性值越大越优的指标，成本型指标是指属性值越小越优的指标，两种类型指标标准化的公式不同，淮河流域节约用水和节水型社会建设评价指标的分类见表7-1。

表 7-1 淮河流域节约用水和节水型社会建设评价指标的分类

类 别		序 号	指 标	类 别
核心指标	综合性指标	1	人均 GDP 增长率	效益型
		2	万元 GDP 取水量	成本型
	节水管理	3	节水机构健全	效益型
		4	节水法规制度完善	效益型
		5	节水型社会建设规划制定	效益型
		6	促进节水防污的水价机制	效益型
		7	节水投入保障	效益型
	生活用水	8	节水器具普及率（含公共生活用水）	效益型
		9	供水管网漏损率	成本型
	生产用水	10	灌溉水利用系数	效益型
		11	万元工业增加值取水量	成本型
		12	工业用水重复利用率	效益型
		13	节水灌溉工程面积率	效益型
		14	污水处理回用率	效益型
	生态指标	15	工业废水达标排放率	效益型
		16	地表水水功能区水质达标率	效益型
		17	城市生活污水集中处理率	效益型
		18	地下水超采程度（地下水超采区使用）	效益型
参考指标	生产用水	19	渠系水利用系数	效益型
	生活用水	20	居民生活用水户表率	效益型

对于评价指标 x_i、R_i 为标准化后的数值，其取值范围为 [0，100]。两种类型指标的标准化公式分别见式（7-1）、式（7-2）。

（1）效益型指标的标准化公式，其中 F_s 为指标的标准值，F_i 为指标实际值。

$$R_i = F_i / F_s \times 100 \qquad (7-1)$$

（2）成本型指标的标准化公式，其中 F_s 为指标的标准值，F_m 为最大值，F_i 为指标实际值。

$$R_i = [1 - (F_i - F_s) / (F_m - F_s)] \times 100 \qquad (7-2)$$

7.3 评价指标权重的确定

准则层采用层次分析法（AHP）中的判断矩阵求解权重，通过构造两两比较的判断矩阵，得到各准则层的权重；指标层采用等权重的方法。

1. 构造两两比较的判断矩阵

构造两两比较判断矩阵是对同一层次指标，进行两两比较，其比较结果以 1～5 标度值表示，各级标度的含义见表 7-2。标度值由有关专家确定，比较容易取得一致，因人而异成分较小。

表 7-2　1～5 标度的含意

标值	意　　义
1	表示两个元素相比，具有同样重要性
2	表示两个元素相比，一个元素比另一个元素稍微重要
3	表示两个元素相比，一个元素比另一个元素明显重要
4	表示两个元素相比，一个元素比另一个元素强烈重要
5	表示两个元素相比，一个元素比另一个元素极端重要

根据节水评价体系准则层各单元之间关系的相对重要性，构造两两比较判断矩阵，见表 7-3～表 7-8。由于水资源条件和经济发展程度等不同，各地各单元之间关系的相对重要性也不同，因此需要按不同类型区分别设置两两比较判断矩阵表。

表 7-3　准则层两两比较判断矩阵（经济发达，缺水地区）

指标	综合	生产	生活	生态	节水管理
综合	1	3	4	3	1
生产	0.333	1	2	1	0.333
生活	0.25	0.5	1	0.5	0.25
生态	0.333	1	2	1	0.333
节水管理	1	3	4	3	1

表7-4　准则层两两比较判断矩阵（经济发达，平水地区）

指标	综合	生产	生活	生态	节水管理
综合	1	3	5	3	1
生产	0.333	1	3	1	0.333
生活	0.2	0.5	1	0.333	0.2
生态	0.333	2	3	1	0.333
节水管理	1	3	5	3	1

表7-5　准则层两两比较判断矩阵（经济发达，丰水地区）

指标	综合	生产	生活	生态	节水管理
综合	1	4	5	3	1
生产	0.25	1	1.25	0.75	0.25
生活	0.2	0.8	1	0.6	0.2
生态	0.333	1.333	1.666	1	0.333
节水管理	1	4	5	3	1

表7-6　准则层两两比较判断矩阵（经济欠发达，缺水地区）

指标	综合	生产	生活	生态	节水管理
综合	1	3	3	3	1
生产	0.333	1	1	1	0.333
生活	0.333	1	1	1	0.333
生态	0.333	1	1	1	0.333
节水管理	1	3	3	3	1

表7-7　准则层两两比较判断矩阵（经济欠发达，平水地区）

指标	综合	生产	生活	生态	节水管理
综合	1	4	4	3	1
生产	0.25	1	1	0.75	0.25
生活	0.25	1	1	0.75	0.25
生态	0.333	1.333	1.333	1	0.333
节水管理	1	4	4	3	1

　淮河流域节水型社会建设与制度体系研究

表 7-8　准则层两两比较判断矩阵（经济欠发达，丰水地区）

指标	综合	生产	生活	生态	节水管理
综合	1	5	5	4	1
生产	0.2	1	1	0.8	0.2
生活	0.2	1	1	0.8	0.2
生态	0.25	1.25	1.25	1	0.25
节水管理	1	5	5	4	1

2. 一致性检验

建立判断矩阵使得判断思维数学化，简化了问题的分析，使得复杂的社会、经济及其管理领域中的问题定量分析成为可能。此外，这种数学化的方法还有助于决策者检查并保持判断思维的一致性。

所谓判断思维一致性是指专家在判断指标的重要性时，各判断之间协调一致，不至出现相互矛盾的结果。出现不一致在多阶判断的条件下，极容易发生，只不过是不同的条件下不一致的程度上有所差别而已。应用层次分析法，保持思维的一致性是非常重要的。

在层次分析中，引入求矩阵的最大特征值 λ_{max}，然后计算一致性比例：

$$CR = CI/RI \tag{7-3}$$

$$CI = \frac{\lambda_{max} - n}{n - 1} \tag{7-4}$$

式中：RI 为平均随机一致性指标，见表 7-9。

表 7-9　2-10 阶平均随机一致性指标

阶数	2	3	4	5	6	7	8	9	10
RI	0.00	0.58	0.90	1.12	1.24	1.32	1.41	1.45	1.49

当 CR<0.1 时，则认为判断矩阵一致性可以接受，否则检查判断矩阵的合理性，修改判断矩阵，重新评价指标的相对权重，直到 CR<0.1。这样就可以得出各级评价指标的权重 W_i。

3. 评价指标权重的计算

为了从判断矩阵群中提炼出有用的信息，达到对事物的规律性认识，为决策提供科学的依据，需要计算每个判断矩阵的权重向量和全体判断矩阵的合成权重向量。目前求判断矩阵的权重向量的方法很多，主要有和值法、特征向量法、对数最小二乘法、最小偏差法等。本次计算采用和值法。

（1）将判断矩阵每一列正规化

$$\overline{a}_{ij} = \frac{a_{ij}}{\sum\limits_{j=1}^{n} a_{ij}} \quad i,\ j = 1,\ 2,\ \cdots,\ n \tag{7-5}$$

（2）每一列经正规化后的判断矩阵按行相加

$$\overline{w}_i = \sum\limits_{j=1}^{n} \overline{a}_{ij} \quad i,\ j = 1,\ 2,\ \cdots,\ n \tag{7-6}$$

（3）对向量 $\overline{w} = (\overline{w}_1,\ \overline{w}_2,\ \cdots,\ \overline{w}_n)^{\mathrm{T}}$ 正规化

$$\overline{w}_i = \frac{\overline{w}_i}{\sum\limits_{j=1}^{n} \overline{w}_j} \quad i,\ j = 1,\ 2,\ \cdots,\ n \tag{7-7}$$

所得到的 $\overline{w} = (\overline{w}_1,\ \overline{w}_2,\ \cdots,\ \overline{w}_n)^{\mathrm{T}}$ 即为所求的权重向量。

4. 确定权重

经过对计算结果的一致性检验和对判断矩阵的调整，计算得权重见表 7-10。

表 7-10　准则层权重

指标	发达、缺水	发达、平水	发达、丰水	欠发达、缺水	欠发达、平水	欠发达、丰水
综合	0.340	0.334	0.359	0.333	0.353	0.377
节水管理	0.340	0.334	0.359	0.333	0.353	0.377
生产	0.124	0.127	0.090	0.111	0.088	0.075
生活	0.073	0.058	0.072	0.111	0.088	0.075
生态	0.124	0.148	0.120	0.111	0.118	0.094

5. 综合评价

综合评价函数的两个变量：评价指标的权重、标准化后的指标值确定后，需要建立一个数学模型将多个评价指标值"合成"为一个整体性的综合评价值。

$$E = W \times R$$

$$W = (w_1, w_2, \cdots, w_5)$$

$$R = \begin{bmatrix} AVERAGE\ (a_i^{(1)}, \cdots, a_1^{(k)}) \\ AVERAGE\ (a_2^{(1)}, \cdots, a_2^{(k)}) \\ AVERAGE\ (a_3^{(1)}, \cdots, a_3^{(k)}) \\ AVERAGE\ (a_4^{(1)}, \cdots, a_4^{(k)}) \\ AVERAGE\ (a_5^{(1)}, \cdots, a_5^{(k)}) \end{bmatrix} \tag{7-8}$$

式中：E 为综合评价值；W 为准则层指标权重分配矩阵，w_k（$k=1$，2，$\cdots$，5）为第 k 个评价指标权重，应满足：$\sum_{k=1}^{m} W_k = 1$；R 为准则层评价值矩阵，AVERAGE（$a_i^{(1)}$，$\cdots$，$a_i^{(k)}$）为 i 个准则层参与评价指标标准化值的平均值，$a_i^{(j)}$（$i=1$，2，$\cdots$，5；$j=1$，2，$\cdots$，k）为第 i 个准则层第 j 种指标的标准化值。

由于节水型社会建设是不断进步的，各项指标在时间序列变化过程中具有相对的阶段变化过程，根据节水型社会发展的阶段性和动态性将评价标准设为：$E \geqslant 90$ 的地区为优秀；$90 > E \geqslant 80$ 的地区为良好；$80 > E \geqslant 60$ 的地区为合格；$E < 60$ 的地区不合格。

第8章 典型试点地区节水型 社会建设效果评估

本章选取淮河流域节水型社会建设第一批试点城市徐州市和第二批试点城市淮北市，对其进行节水型社会建设规划及其实施效果评估。

8.1 节水型社会建设试点城市——徐州市概况

徐州市位于江苏省的西北部，地处苏、鲁、豫、皖交界，为东部沿海与中部地带、上海经济区与环渤海经济圈的结合部，是新亚欧大陆桥东段第一个腹地城市，又是淮海经济区的中心城市和区域性商贸都会。徐州市东西长约 210km，南北宽约 140km，辖丰、沛、铜（山）、睢（宁）、邳（州）、新（沂）6 个县（市）和贾汪、云龙、鼓楼、泉山、九里 5 个区及金山桥、城南 2 个经济开发区，总面积 11258km²，人口 934.73 万人。

徐州市地处古淮河的支流沂、沭、泗诸水的下游，以黄河故道为分水岭，形成北部的沂沭泗水系和南部的濉安河水系。境内河流纵横交错，湖泊、水库星罗棋布，废黄河斜穿东西，京杭大运河纵贯南北。东有沂、沭诸水及骆马湖，西有复兴、大沙等河及微山湖。徐州市境内多年平均地表水资源量约为 20.25 亿 m³，地下水资源可利用量为 20.25 亿 m³，多年平均可用水资源量约为 35.63 亿 m³（扣除重复利用量 4.92 亿 m³）。徐州市多年平均入境水量为 52.87 亿 m³，出境水量为 56.69 亿 m³。

目前，徐州市境内现有中小型水库 74 座（其中中型水库 5 座，小（一）型水库 34 座，小（二）型水库 35 座），总库容 3.338 亿 m³，其中兴利库容 1.718 亿 m³。高亢丘陵山区蓄水塘坝达 600 余处，可拦蓄地表径流 3000 万 m³ 以上。此外，全市通过多年来的建设，共开挖疏浚骨干河道 80 余条，开挖大沟 1139 条，中沟 6945 条，兴建建筑物万余座，已经形成了东西高差 31m，12 个梯级控制的水利控制网络。仅骨干沟河河床一次性蓄水就可达 2.5 亿～3.0 亿 m³，年度可复蓄 2～3 次，成为徐州市解决区域性水资源问题的重要途径。

徐州市水资源开发利用存在以下问题：

（1）区域可供水资源不足。徐州市蓄水能力差，加上水资源时空分布不均，丰水时大量排泄废弃，干旱时又引水困难，地形地貌的特点决定了水资源利用不能充分以丰补枯。沂沭泗上游来水丰枯变化与徐州市同步，蓄少弃多，极难利用。地下水资源虽较为丰富，但由于近几年不合理开采，已形成多个常年性地下水降落漏斗，开采潜力不大。

（2）现有供水水源供水不稳定。地面水厂既有江水北调，也有鲁南山区的泄洪排污，突发性严重污染事件一再发生，曾数次迫使地面水厂停产。由于近几年地下水厂连续大量的超采地下水，致使市区多处地面塌陷，人为、非人为的水质污染也给供水的稳定性带来很大的威胁。

（3）水资源浪费和用水效益不高的现象十分严重。徐州市存在着严重的水资源浪费和用水效益低下的问题，突出表现在工业用水和农业用水两个方面。在农业用水方面，渠灌区灌溉水利用系数普遍在 0.5 左右，节水灌溉工程控制面积仅占全市农田面积的 32%。在工业用水方面，绝大多数工业单位产品耗水高于先进国家的数倍甚至十余倍；此外，水的重复利用率也较低，普遍在 55% 左右，只有徐州市区超过 70%。

（4）水生态环境恶化。徐州市地表水体普遍受到污染或严重污染，2003 年对徐州市 46 个河段及支流断面的水质监测结果表明，达到其相应水域功能要求的水体只有 16 个，占 34.8%。南水北调主要输水水体中，京杭运河和徐洪河总体水质多在Ⅳ类到劣Ⅴ类之间，局部河段劣于Ⅴ类，仅骆马湖达到Ⅲ类。

（5）洪水威胁依然严峻。徐州市防洪标准普遍较低，非工程措施又十分薄弱，超标准洪水抗御能力低，因此，随着城市防洪保护区域内经济存量、人口密度的大幅度增长，洪水风险和损失将越来越大。

（6）水利工程老化失修严重。徐州市水利工程多建于 20 世纪 50～70 年代，建设标准低，运行时间长，多数水利工程老化失修严重，效益衰减，严重影响了水利工程的安全运行和水资源保护。

（7）水资源管理存在体制不顺与机制不活。徐州市虽然实现了水资源的统一管理，部分地区成立了水务管理机构，但还没有从职能上实现供水、排水、污水处理及回用等城乡涉水事务的统一管理，仍然存在着"供水的不管排水、排水的不管治污、治污的不管回用"等现象。水价形成机制、排污收费机制、水权（排污权）转让机制、政府宏观调控机制、市场调节机制和社会公众参与机制等很不完善，从而在很大程度上影响了水资源的合理配置、有效节约和保护。

8.2 徐州市节约用水和节水型社会建设规划效果评估

8.2.1 徐州市节水型社会建设基础评估

徐州市在进行节水型社会试点城市建设之前的节约用水相关情况如下：农业灌溉用水量占国民经济全部用水量的70%以上，农业用水效率较低，灌溉水利用系数为0.49，粮食作物的水分生产率仅为0.8kg/m³，不足节水先进国家的一半，农田有效灌溉面积699.26万亩，75%保证率下，综合毛灌溉定额为270.3m³/亩。一般工业万元产值新水量为30m³，水的重复利用率为55%。徐州市2002年城市人均生活取水量为171.9升/人·日，居民住宅用水量为72.29升/人·日，生活用水总量在取水总量中所占比重由1980年的21.6%上升到2002年的68.8%，管网漏失率为20%，节水器具普及率为50%。按照淮河流域节约用水和节水型社会建设核心指标体系对节水型社会建设基础进行评估，各指标的值见表8-1。

表8-1　徐州市节水型社会建设前指标基础值

类　别	序号	指　　标	值
综合性指标	1	人均GDP增长率（%）	11
	2	万元GDP取水量（m³）	190
节水管理	3	节水机构健全（打分）	50
	4	节水法规制度完善（打分）	40
	5	节水型社会建设规划制定（打分）	0
生活用水	6	节水器具普及率（%）	50
	7	供水管网漏损率（%）	20
生产用水	8	灌溉水有效利用系数	0.49
	9	万元工业增加值取水量（m³）	103.6
	10	工业用水重复利用率（%）	55
	11	节水灌溉工程面积率（%）	32
生态指标	12	工业废水达标排放率（%）	91.26
	13	地表水水功能区水质达标率（%）	50

注：数据摘录自《徐州市节水型社会建设规划》及《江苏省统计年鉴》

徐州市属于经济欠发达、缺水地区。该类地区各项评价指标最大值 F_m、标准值 F_s 见表8-2。用式（7-1）或式（7-2）计算得徐州市节水型社会建设前评价指标标准化值见表8-3。

表8-2　徐州市节水型社会建设评价指标标准化参数值

类　别	序号	指　标	欠发达、缺水		
			F_i	F_s	F_m
综合性指标	1	人均GDP增长率（%）	8.52	13	/
	2	万元GDP取水量（m³）	227	100	400
节水管理	3	节水机构健全（打分）	50	90	/
	4	节水法规制度完善（打分）	40	95	/
	5	节水型社会建设规划制定（打分）	0	95	/
生活用水	6	节水器具普及率（%）	20	80	/
	7	供水管网漏损率（%）	22	11	26
生产用水	8	灌溉水有效利用系数	0.4	0.55	/
	9	万元工业增加值取水量（m³）	120	80	300
	10	工业用水重复利用率（%）	68	85	/
	11	节水灌溉工程面积率（%）	16.2	70	/
生态指标	12	工业废水达标排放率（%）	65	95	/
	13	地表水水功能区水质达标率（%）	68	75	/

表8-3　徐州市节水型社会建设前评价指标标准化值

类　别	序号	指　标	标准化值
综合性指标	1	人均GDP增长率	84.6
	2	万元GDP取水量	70.0
节水管理	3	节水机构健全	55.6
	4	节水法规制度完善	42.1
	5	节水型社会建设规划制定	0.0
生活用水	6	节水器具普及率	62.5
	7	供水管网漏损率	40.0

类　别	序　号	指　标	标准化值
生产用水	8	灌溉水有效利用系数	89.1
	9	万元工业增加值取水量	89.3
	10	工业用水重复利用率	64.7
	11	节水灌溉工程面积率	45.7
生态指标	12	工业废水达标排放率	96.1
	13	地表水水功能区水质达标率	66.7

　　根据上述过程，评估出徐州市在进行节水型社会试点城市建设之前的综合得分为 59.3，评价结果见表 8-4。

表 8-4　徐州市节水型社会建设前各单位评价结果

徐州市	总体	综合	节水管理	生活	生产	生态
	59.3	25.7	10.8	5.69	8.01	9.03

　　从评价结果可见，徐州市节水型社会建设基础较好，提高管理水平、加快制定节水相关的法律法规、规章制度以及节水型社会建设规划是节水型社会建设的关键和重点，同时逐步提高节水灌溉工程面积率，减小供水管网漏损。

8.2.2　徐州市"十一五"节水型社会建设规划效果评估

　　徐州市节水型社会建设"十一五"规划目标如下：灌溉水利用系数提高到 0.55，节水灌溉工程率达到 60%，在 75% 保证率下，综合亩均毛灌溉用水量降低到 232.3m³，比 2002 年减少 38.0m³，农业用水实现负增长；全市农村自来水普及率达到 80%，农村饮水达到基本安全；工业用水重复利用率达到 76%，全市工业万元 GDP 取水量下降到 81.7m³，比 2002 年 103.6m³ 减少 21.9m³（一般工业万元 GDP 新水量下降到 36.3m³，比 2002 年的 66.1m³ 降低 45%）；工业取水量年增长率控制在 3.0% 左右；公用和民用建筑用水节水器具普及率达到 95%；城市供水管网漏失率从 20% 降低到 12%；城镇居民生活用水定额不超过 220 升/人·日；污水处理率达到 65%；污水处理回用率达到 30%。按照淮河流域节约用水和节水型社会建设核心指标体系对"十一五"节水型社会建设规划目标进行评估，各指标的规划目标值见表 8-5、标准化值见表 8-6。

表8-5 徐州市"十一五"节水型社会建设规划目标值

类　别	序号	指　标	值
综合性指标	1	人均 GDP 增长率（%）（2008年实际）	15.3
	2	万元 GDP 取水量（m³）	140
节水管理	3	节水机构健全（打分）	90
	4	节水法规制度完善（打分）	90
	5	节水型社会建设规划制定（打分）	95
生活用水	6	节水器具普及率（%）	95
	7	供水管网漏损率（%）	12
生产用水	8	灌溉水有效利用系数	0.55
	9	万元工业增加值取水量（m³）	81.7
	10	工业用水重复利用率（%）	76
	11	节水灌溉工程面积率（%）	60
生态指标	12	工业废水达标排放率（%）	98
	13	地表水水功能区水质达标率（%）	75

注：数据摘录自《徐州市节水型社会建设规划》

表8-6 徐州市"十一五"节水型社会建设规划目标标准化值

类　别	序号	指　标	值
综合性指标	1	人均 GDP 增长率	100
	2	万元 GDP 取水量	86.7
节水管理	3	节水机构健全	100
	4	节水法规制度完善	94.7
	5	节水型社会建设规划制定	100
生活用水	6	节水器具普及率	100
	7	供水管网漏损率	93.3
生产用水	8	灌溉水有效利用系数	100
	9	万元工业增加值取水量	99.2
	10	工业用水重复利用率	89.4
	11	节水灌溉工程面积率	85.7
生态指标	12	工业废水达标排放率	100
	13	地表水水功能区水质达标率	100

根据上述过程，评估出徐州市"十一五"节水型社会建设规划目标评价的综合得分为 96.0，评价结果见表 8-7。

表 8-7　徐州市"十一五"节水型社会建设规划目标评价结果

徐州市	总体	综合	节水管理	生活	生产	生态
	96.0	31.1	32.7	10.7	10.4	11.1

从评价的结果可以看出，徐州市节水型社会建设规划针对自身水资源开发利用中存在的问题所采取的各项措施科学合理，制定的目标高起点、高要求，能够很好地指导与促进徐州市节水型社会建设工作的开展。

8.3　节水型社会建设试点城市——淮北市概况

淮北市位于苏鲁豫皖四省之交，地处淮海经济区腹地，是华东地区重要的能源和工业城市之一。全市国土面积 2741km²，辖濉溪县和相山、杜集、烈山三区，总人口 215.8 万人，城市规划区面积 420km²，规划主城区面积 285km²。国内生产总值 349 亿元，三次产业比例为 9.9∶59.9∶30.2。近年来，淮北市积极推动由单一煤电产业向多元产业转型，改造提升传统产业与培育壮大接替产业相结合，发展壮大煤电、煤化工、食品工业、矿山机械制造、陶瓷建材、纺织服装等六大主导产业。

淮北市水资源较为紧缺，属资源型、水质型及工程型缺水城市，以资源型缺水为主。根据《淮北市水资源综合规划》，该市水资源总量 8.341 亿 m³，地表水资源量 3.16 亿 m³，浅层地下水资源量 4.136 亿 m³，裂隙岩溶水资源量 1.044 亿 m³；水资源可利用量 4.082 亿 m³，其中地表水 1.157 亿 m³，浅层地下水 2.097 亿 m³，岩溶裂隙水 0.828 亿 m³；人均水资源量 398m³，属严重资源型缺水城市。主要河流有闸河、龙岱河、肖濉新河、王引河、南沱河、浍河、濑河等 7 条，河道总长 322km，主要河流上建有节制闸 14 座。包括 24 个较大采煤塌陷洼地、塘坝及支流大沟在内，总蓄水库容为 1.56 亿 m³，兴利库容 1.12 亿 m³。现状采煤沉陷区 110km²，其中常年水域面积 32km²。辖区内共有 4 座水库（其中，中型水库 1 座，为华家湖水库，小型水库 3 座，分别为塔山、田窝、小李庄水库），总库容为 1418 万 m³。

淮北市水资源开发利用主要存在以下特点：

（1）供需矛盾突出，水资源开发利用自然条件较差。由于降水年际变差大、年内分布不均，河道上游闸坝逐级拦蓄，地面来水变化较大，大水时洪涝成灾，小水时河道干涸，加之地处平原，人口密集、耕地率高，特别是近年来，随着经济社会的快速发展，水资源供需矛盾日益突出。

（2）地表水利用率不高。淮北市多年平均地表水资源量为 3.16 亿 m³，由于缺乏必要的拦蓄和调蓄工程，可利用量仅为 1.16 亿 m³。

（3）深层岩溶地下水严重超采。淮北市地下水资源总量为 5.18 亿 m³，可开采量为 3.71 亿 m³，其中浅层地下水可开采量为 2.88 亿 m³，深层岩溶水可开采量为 0.83 亿 m³。由于火力发电企业大规模集中开采，已形成大面积地下水超采漏斗，漏斗区面积达 260km²。

（4）工业用水量不断增加。目前，淮北市高保证率（95％保证率）工业用水占总用水量的 1/3，随着经济发展和工业化、城市化进程的加快，平山电厂、国安电力二期、临涣和南坪精细煤化工园区等一大批工业项目将相继上马，到 2015 年左右，工业需水量达 3 亿 m³ 以上，若不加大节水工作力度，充分利用中水等非传统水源，以及实施境外调水，现状水资源难以支撑经济社会可持续发展。

（5）水污染问题严重。全市 7 条主要河流，除闸河、濉河水质相对较好外，其余河流受上游和境内污水排放影响，非汛期水质基本处于 V 类或劣 V 类。由于雨洪与污水分排工程系统不配套，雨、污水混排，致使城区西相阳沟、铁路沟、民兵沟、长山路沟、龙岱河、老濉河及局部洼地地表水体严重污染。市区岩溶水补给区个别企业排放的污废水水污染浅层地下水，侵袭岩溶水源地。

8.4 淮北市节约用水和节水型社会建设规划
实施效果评估

8.4.1 淮北市节水型社会建设基础评估

淮北市在进行节水型社会试点城市建设之前的节约用水相关情况如下：耕地 203.6 万亩，灌溉面积 149.6 万亩，其中节水灌溉面积 44.82 万亩，占灌溉面积的 30％。渠系水利用系数为 0.35。淮北电力工业用水重复利用率较高，但一般工业重复利用率仅 55％～71％，村及村以下企业重复利用率为 40％～50％。淮北市的工业企业主要集中在北区，主要工业行业有：火力发电、煤炭、纺织、食品及饮料、化工、建材等，其中建材、橡胶、化工、冶金、酿酒及火电工业万元产值取水量分别是国内先进城市的 3.16、2.79、2.57、2.11、1.97、1.41 倍。2000 年，淮北城市管网渗漏损失率超过 25%；节水器具和节水设施不完善，造成的生活用水浪费率估计超过 5%；水价普遍偏低。按照淮河流域节约用水和节水型社会建设核心指标体系对节水型社会建设基础进行评估，各指标的值见表 8-8。

表 8-8　淮北市节水型社会建设前指标基础值

类　别	序号	指　标	值
综合性指标	1	人均 GDP 增长率（%）	8.52
	2	万元 GDP 取水量（m³）	227
节水管理	3	节水机构健全（打分）	50
	4	节水法规制度完善（打分）	40
	5	节水型社会建设规划制定（打分）	0
生活用水	6	节水器具普及率（%）	20
	7	供水管网漏损率（%）	22
生产用水	8	灌溉水有效利用系数	0.4
	9	万元工业增加值取水量（m³）	120
	10	工业用水重复利用率（%）	68
	11	节水灌溉工程面积率（%）	16.2
生态指标	12	工业废水达标排放率（%）	65
	13	地表水水功能区水质达标率（%）	68
	14	地下水超采程度（打分）	30

注：数据摘录自《安徽省淮北市节水型社会试点建设规划》和《安徽省统计年鉴》

淮北属于经济欠发达、缺水地区。该类地区各项评价指标最大值 F_m、标准值 F_s 见表 8-9；用式（7-1）或式（7-2）计算得淮北市节水型社会建设评价指标标准化值见表 8-10。

表 8-9　淮北市节水型社会建评价前指标标准化参数值

类　别	序号	指　标	欠发达、缺水		
			F_i	F_s	F_m
综合性指标	1	人均 GDP 增长率（%）	8.52	13	/
	2	万元 GDP 取水量（m³）	227	100	400
节水管理	3	节水机构健全（打分）	50	90	/
	4	节水法规制度完善（打分）	40	95	/
	5	节水型社会建设规划制定（打分）	0	95	/

类　别	序号	指　　标	欠发达、缺水		
			F_i	F_s	F_m
生活用水	6	节水器具普及率（%）	20	80	/
	7	供水管网漏损率（%）	22	11	26
生产用水	8	灌溉水有效利用系数	0.4	0.55	/
	9	万元工业增加值取水量（m³）	120	80	300
	10	工业用水重复利用率（%）	68	85	/
	11	节水灌溉工程面积率（%）	16.2	70	/
生态指标	12	工业废水达标排放率（%）	65	95	/
	13	地表水水功能区水质达标率（%）	68	75	/
	14	地下水超采程度（打分）	30	80	/

表 8-10　淮北市节水型社会建设前评价指标标准化值

类　别	序　号	指　　标	标准化值
综合性指标	1	人均 GDP 增长率	65.5
	2	万元 GDP 取水量	57.7
节水管理	3	节水机构健全	55.6
	4	节水法规制度完善	42.1
	5	节水型社会建设规划制定	0.0
生活用水	6	节水器具普及率	25.0
	7	供水管网漏损率	6.7
生产用水	8	灌溉水有效利用系数	72.7
	9	万元工业增加值取水量	81.8
	10	工业用水重复利用率	80.0
	11	节水灌溉工程面积率	23.1
生态指标	12	工业废水达标排放率	68.4
	13	地表水水功能区水质达标率	90.7
	14	地下水超采程度	37.5

（3）评价结果

根据上述过程，评估出淮北市在进行节水型社会试点城市建设之前的综合得分为 48.6，评价结果见表 8−11。

表 8−11　淮北市节水型社会建设前各单位评价结果

淮北市	总体	综合	节水管理	生活	生产	生态
	48.6	20.5	10.8	2.87	7.15	7.27

从评价结果可见，淮北市水资源过度开发，地下水超采，影响了水资源可持续利用，对生态环境造成了较大影响；生产用水中应逐步提高节水工程灌溉面积率；生活用水应重视供水管网的漏损问题。对于节水型社会建设，最重要的是应加强节水管理的环节，加快制定节水型社会建设法律法规、规章制度、节水型社会建设规划以及完善管理机构设置等。

8.4.2　淮北市"十一五"节水型社会建设规划中期实施效果评估

通过由政府主导、市场引导、社会公众参与节水型社会建设，淮北市 2008 年初步建立了与水资源承载能力相协调的经济结构体系，构建了与水资源优化配置相适应的水工程和节水技术体系，水资源利用效率和效益明显提高。

2008 年，淮北全市用水总量为 3.66 亿 m^3，比试点前的 4.21 亿 m^3 节约 0.55 亿 m^3；万元 GDP 取水量为 105m^3，比试点前的 227m^3 下降 122m^3，比试点指标值 130m^3 低 25m^3；农田灌溉水利用系数达到 0.52，比试点前的 0.40 提高 0.12，达到阶段规划目标；农业节水灌溉率达到 30.5%；万元工业增加值取水量为 45m^3，比试点前的 120m^3 下降 75m^3，比试点指标值 100m^3 低 55m^3；火电工业用水重复利用率达到 94%；一般工业用水重复利用率达到 75%，与试点指标值持平；城市公共供水管网漏失率已经由试点前的 22% 下降至 16%，城镇污水处理回用率达到 28%，比试点前提高 28 个百分点。

对 2008 年淮北市节水型社会建设情况进行评估，2008 年各指标的实际值见表 8−12、标准化值见表 8−13。

表 8−12　淮北市 2008 年节水型社会建设指标值

类　别	序号	指　标	值
综合性指标	1	人均 GDP 增长率（%）	14.4
	2	万元 GDP 取水量（m^3/万元）	105
节水管理	3	节水机构健全（打分）	90
	4	节水法规制度完善（打分）	90
	5	节水型社会建设规划制定（打分）	95

类　别	序　号	指　标	值
生活用水	6	节水器具普及率（％）	55
	7	供水管网漏损率（％）	16
生产用水	8	灌溉水有效利用系数	0.52
	9	万元工业增加值取水量（m³/万元）	45
	10	工业用水重复利用率（％）	75
	11	节水灌溉工程面积率（％）	30.5
生态指标	12	工业废水达标排放率（％）	89.7
	13	地表水水功能区水质达标率（％）	72.2
	14	地下水超采程度（打分）	40

注：数据摘录自《淮北市节水型社会建设试点中期评估报告》和《安徽省统计年鉴》

表 8－13　2008 年淮北市节水型社会建设评价指标标准化值

类　别	序　号	指　标	标准化值
综合性指标	1	人均 GDP 增长率	100.0
	2	万元 GDP 取水量	98.3
节水管理	3	节水机构健全	100.0
	4	节水法规制度完善	94.7
	5	节水型社会建设规划制定	100.0
生活用水	6	节水器具普及率	68.8
	7	供水管网漏损率	66.7
生产用水	8	灌溉水有效利用系数	94.5
	9	万元工业增加值取水量	100.0
	10	工业用水重复利用率	88.2
	11	节水灌溉工程面积率	43.6
生态指标	12	工业废水达标排放率	94.4
	13	地表水水功能区水质达标率	96.3
	14	地下水超采程度	50.0

　　与前述过程相同，评估出淮北市 2008 年节水型社会的综合得分为

91.2，评价结果见表 8-14。

表 8-14　2008 年淮北市节水型社会建设各单位评价结果

淮北市	总体	综合	节水管理	生活	生产	生态
	91.2	33.0	32.7	7.52	9.06	8.91

从评价结果可见，2008 年淮北市节水型社会建设取得了很大的成效，生产生活节水及管理水平都有了显著的提高，但由于水资源过度开发，地下水超采，影响了水资源可持续利用，今后应加强对生态环境的保护；生产节水单元应进一步提高节水工程灌溉面积率，将生产节水提升到更高的水平。

下　篇
淮河流域节水型社会建设制度体系研究

第9章 节水型社会法律制度建设概况及其分析

9.1 与节水相关的法律制度体系

法律是由国家制定的对全社会具有普遍约束力的，并以国家强制力保证实施的行为规范，具有对未来结果的预测性和对人们现实行为的引导和规范性，因此，完善的法律制度对于节水型社会的建设有至关重要的意义。我国围绕节水型社会建设的法律制度建设是以《宪法》为基础，以《中华人民共和国水法》为核心，以其他法律法规为配套。现行法律制度中，虽然与节水型社会建设相关的水资源节约的规定已形成一定的体系雏形，但还不够完整、系统，内容单一，立法层次总体不高。与节水相关的法律制度体系如下：

（1）宪法规定

我国《宪法》第9条规定了国家保障自然资源的合理利用，禁止任何组织或者个人用任何手段侵占或者破坏自然资源。宪法是国家的根本大法，宪法中关于自然资源合理利用的规定，对于水资源节约具有指导性、原则性，构成我国水资源节约法律制度的宪法基础。

（2）法律规定

我国《中华人民共和国水法》制定的目的就是为了合理开发、利用、节约和保护水资源，防治水害，实现水资源的可持续利用；规定开发、利用、节约、保护水资源和防治水害，应当全面规划、统筹兼顾、标本兼治、综合利用、讲求效益，发挥水资源的多种功能，协调好生活、生产经营和生态环境用水。第8条规定："国家厉行节约用水，大力推行节约用水措施，推广节约用水新技术、新工艺，发展节水型工业、农业和服务业，建立节水型社会。"第9条规定："国家保护水资源，采取有效措施，保护植被，植树种草，涵养水源，防治水土流失和水体污染，改善生态环境。"

第 14 条规定："开发、利用、节约、保护水资源和防治水害，应当按照流域、区域统一制定规划。"规划分为流域规划和区域规划。此外，还用专门章节对水资源配置和节约使用作了具体规定。但在这一层面没有专门的节水立法。

（3）节水法规、规章

节水法规包括国务院和地方人大制定的有关节水的行政法规和地方性法规。节水规章包括国务院部委和地方人民政府制定的有关节水的行政规章和地方政府规章。法规、规章这两类规范，目前在中央层面的规定欠缺，地方立法数量较多，但内容单一，显然不能适应节水型社会建设的实际需要。在中央层面，至今还没有《中华人民共和国水法》实施的专门条例，也没有专门以节水为专项内容的单行行政法规；规章较为典型的是1997 年国家计委、水利部 931 号发布的《高标准节水灌溉示范项目建设管理办法》，1998 建设部第 1 号令发布的《城市节约用水管理规定》，2003 年水利部发布的《节水灌溉增效示范项目建设管理办法》等。地方层面，拥有地方立法权的人大普遍制定了《中华人民共和国水法》的实施办法和专门的城市节水地方性法规，例如：《福建省水法实施办法》、《湖南省水法实施办法》、《宁波市城市供水和节约用水管理条例》、《太原市城市节约用水条例》。

（4）其他节水规范性文件

其他节水规范性文件，是指除上述几类之外，由县级以上人民代表大会及其常务委员会、人民政府依照宪法、法律、法规和规章的规定制定的有关节水方面的规范性文件，例如，《国务院关于加强城市供水节水和水污染防治工作的通知》（国发〔2000〕36 号），对地方节水立法有着重要的指导意义。但这些规范性文件，不属于严格意义上的法律规范，却在节水工作的全面开展过程中起着十分重要的作用。

9.2 节水型社会建设法律制度构建的目的与原则

节水型社会建设的实质决定了节水型社会建设的核心应以法律制度建设为核心，应将其体制和制度法律化，在法律管理体制和制度的前提下制定具体的措施和方案，促进科学技术等手段和方法的广泛运用。我国节水型社会的现行法律制度体系框架结构包括：宪法、法律、行政法规、部门规章、地方性法规、地方政府规章和其他法律规范性文件。在此基础上，还应当结合节水型社会建设的特点，对其法律制度体系框架作进一步构建，构建的目的与原则如下：

9.2.1 法律制度构建的目的

节水型社会就要是建立以水资源和水环境承载力为基础，以遵循自然规律为准则，人类生产、消费和生活活动与水生态相协调的系统。其目的是以最少的水资源消耗、最少的水环境污染，在全社会范围内建立起节水型的生产和生活方式，实现最大的经济和社会效益，实现经济、社会与水资源、水生态的和谐发展。

9.2.2 法律制度构建的原则

（1）人与自然和谐原则

人与自然和谐原则是节水型社会法律制度构建的最基本的原则，其核心应是尊重自然与利用自然。人与自然的关系，几千年来一直存在着"人定胜天"和"天人合一"的认识与行为之争，在人与水的关系上也同样如此。实践证明，坚持人与自然的和谐原则是科学的，有利于解决人与水的关系问题，对实施水资源科学规划、合理开发、综合利用、有效保护与节约、优化配置具有重要意义。节水型社会法律制度构建坚持这一原则，就是要在水资源规划管理、开发利用、水权配置及其市场化运作、节水方案措施的制定和推行、各种手段的采用过程中，要尊重水资源的特点和特定区域水资源的分布状况，在此基础上结合社会经济发展的实际开发利用水资源，全面提高水资源的利用效率和效益；严格排污管理，充分利用大自然的修复能力，解决水污染问题。在人与自然和谐问题上，需要突出强调的是，过去一直强调的"水资源为经济社会发展服务，适应经济社会发展需要"的思路应予以改变。鉴于水资源的现状，经济社会发展必须考虑水资源的承载能力。为此，在编制水资源规划中，要求经济社会发展应"量水而行"、"量水发展"、"以供定需"。

（2）总体规划与利益平衡原则

总体规划与利益平衡原则是指在自然资源的开发、利用、保护和管理等一系列社会活动过程中，应由国家在充分考虑水资源的分布状况、承载能力及社会发展需求的基础上，对水资源开发利用的范围、方式和程度等方面的问题做出合理的安排，并以此为前提解决围绕水资源而产生的不同利益间冲突的协调。由于水资源的分布有时间和地域差异，这种差异必将对水资源满足经济发展的总体需求产生不可忽视的影响，对开发、利用、保护、管理过程中不同主体的利益产生影响。因此，要对水资源进行全面规划和合理安排，通过总体上的制度设计，既保证经济与社会发展的总体需求，同时也应当注意不同主体利益的协调平衡。

（3）节约与保护并重原则

节约与保护并重原则要求在水资源的开发利用过程中，通过优化的方案与手段，注重对水资源的节约使用，以最少的使用量获得最大的经济和社会效益，应对水资源短缺的局面。同时又要全方位的保护水资源，一方面，加强水生态工程建设，防止水资源枯竭对水生态环境造成破坏，维持水资源最佳状态的再生功能，提高其承载能力；另一方面，加强水利工程建设，对水资源进行优化配置和科学调度，保障水资源的供给量，以满足日益增长的用水需求。此外，还要提高污水再使用的能力，减少污水排放，防治水环境污染。水资源的配置方面，地表水、地下水均要合理使用，严禁对水资源过度开发；对江河流域上、中、下游水资源应合理配置，既保护河流生态，又节约用水。生活、生产、生态水要协调使用，优先考虑生态用水，保持良好的水生态功能。

9.3 节水型社会建设法律制度体系的再构建

节水型社会的法律制度体系是指在调整因节约、高效利用和保护水资源活动中产生的社会关系的各种法律法规、法律规范和法律渊源所组成的系统。由于节水型社会建设的复杂性，可以考虑法律制度体系的再构建应在宏观、中观和微观的不同层面展开；同时还要考虑法律制度体系建设与社会经济发展的协调性。

9.3.1 法律制度体系的总体框架

我国地域面广，水资源分布不均，区域特点明显，建设节水型社会必须考虑这些客观因素。节水型社会法律制度构建应从三个层次，即宏观立法、中观立法、微观立法的和谐统一予以考虑，建立起多层次立法的协调体系。宏观立法主要指国家层面的立法，明确节水型社会法律制度构建的指导思想和原则，建立基本制度，进行整体规划和配置水资源，解决不同流域的水资源配置问题；中观立法主要指流域层面的立法，在国家立法的指导下，结合流域人口分布、经济发展等情况，形成符合流域特点的节水指导思想和原则，解决流域水资源规划和配置问题，建立相应的制度来规范节水工作的展开；微观立法主要指在流域内以行政区域为基础，建立地方性节水法规规章，在国家立法和流域立法的指导下，建立适合各地特点的节水法律制度，制定节水实施方案和措施，据此推动各地节水工作的展开。

9.3.2　国家立法

首先，从节水型社会建设的角度加强涉水法律的一体化建设。目前，有诸如《中华人民共和国水法》、《中华人民共和国水污染防治法》、《中华人民共和国防洪法》、《中华人民共和国环境保护法》等多部相同级别的涉水法律在同时施行，这些法律之间不同程度地存在着不协调，如《中华人民共和国水法》和《中华人民共和国水污染防治法》把对水资源的管理人为的割裂成水量和水质两部分，并把管理权分别授予两个部门，不利于水资源的保护和节水型社会的建设。应从节水型社会的内涵出发协调《中华人民共和国水法》与《中华人民共和国水污染防治法》，建立起一套以水为核心的法律制度，确立《中华人民共和国水法》在涉水法律中的基础地位，实现对水资源量与质的全面保护。将水污染防治作为水资源保护的一个部分，将《中华人民共和国水污染防治法》定位为《中华人民共和国水法》的配套法，并建立起水污染防治与水资源保护相协调的行政管理体制和制度。

其次，制定《节水法》，对水资源节约做出专门规定，使节水有法可依，有章可循。在目前几部涉水法律不同程度地存在矛盾和冲突的情况下，尽早出台《节水法》显得尤为迫切。《节水法》应对水资源配置、用水总量控制、高效用水、农业节水、工业节水、城市节水、生活节水、节水技术的推广应用等方面做出基础性和原则性的规定。

再次，要建立相关的配套制度，建立以水权、水价、水市场为基础的水资源配置制度。既要发挥市场在水资源配置中的调节作用，又要发挥政府在水资源配置中的宏观调控作用，按照市场经济的要求，完善水交易市场，建立合理的水价形成机制，通过对水的使用权的界定、分配和有偿流转，优化配置水资源，提高水资源利用的效率和效益。

9.3.3　流域立法

《中华人民共和国水法》第12条规定：国家对水资源实行流域管理与行政区域管理相结合的管理体制。可以说是对流域管理机构法律地位的确立，明确了流域管理的必要性。但并没有对流域立法进行法律上的规定。进行流域管理除依据国家宏观层面的一般性立法外，还必须结合流域特点制订流域法。

目前，我国七大江河之中，只有为数不多的流域立法，如《淮河流域水污染防治暂行条例》、《太湖流域管理条例》等。

流域立法是在国家原则性立法基础上，结合流域特点的立法，而不是对国家原则性立法的一般具体化,因而有其独特性,有独特的原则、内容和体系。也正因为如此,流域立法有了其独立存在的价值。进行流域立法,首先,应建立"流域内流域管理为主,行政区域管理为辅"的水资源统一管理体制;其次,通过流域规划立法,明确流域水资源配置和节约的原则,实现水资源合理配置和流域内部区域间的协调;再次,制定反映流域特点的节水法律制度,流域管理制度的建立特别要协调流域特点与区域经济特点的关系,考虑流域人口与社会发展的整体状况以及流域生态特点等问题。此外,流域立法还应特别注意以下几个问题:

(1)流域立法主体问题

大范围内的江河流域立法,如长江、黄河的立法,当然由国家作为立法主体。在大范围的流域内又可以分为若干个次级流域,这些流域的立法,谁可以成为立法主体呢?是流域管理主体成为立法主体,还是流域内各行政主体联合立法呢?必须加强流域立法理论研究,在此基础上明确立法主体。笔者认为,流域内若干地方立法主体联合立法,可能会由于各自利益的考虑使立法难以进行,或立法有失公正;初步考虑由流域管理主体进行立法更为可行,通过授权的方法解决立法主体地位问题。当然,这里还有一系列问题需要研究。

(2)流域水资源规划与流域内各区域经济和社会发展规划之间的关系问题

流域立法中,要明确水资源综合利用规划是流域内各区域经济和社会发展战略的依据,各区域在制定经济、社会发展战略时必须考虑水资源、水环境的承载能力。一方面,在制定区域经济发展战略时,要以流域水资源规划作为重要依据;另一方面,在制定流域水资源规划制度时,要兼顾流域内各区域的经济发展模式和产业布局,不能只偏重单项工程项目的技术论证等。

(3)流域水资源配置与经济发展协调的关系问题

流域立法中,水资源配置与经济发展的协调是一个十分重要的问题。由水资源承载能力决定区域经济发展战略的选择,坚持量水而行,以水定发展;将水从低效益用途配置到高效益领域,推进产业、经济结构调整,优化配置水资源,实现"节水"和"增效"的双赢;协调好生活、生产和生态用水的关系,保障水生态环境处于良好状态,防止地下水位下降、地面沉降和水污染问题。

9.3.4 地方立法

地方立法是指拥有地方立法权的机关就节水型社会建设制定的相关地

方性法规规章。水资源是按流域分布的，一个流域往往跨多个行政区。流域立法的实施离不开在流域内各个行政区的落实。因此，地方立法主要包括：在国家、流域立法之下，制定区域内具有综合性或某一方面如工业、农业节水制度地方性法规；制定以具体节水的制度和措施为核心的地方政府规章，它们严格受上位法的约束。其中，结合各行政区域实际以用水权分配为核心的法律制度的构建及其配套方案和措施的制定是重点。

依据水权分配制度，在流域的各个行政区取水量分配的基础上，进行取水总量控制。在行政区域内控制取水总量，明确各地区、各行业、各部门乃至各单位的水资源使用权指标，制定各行各业合理的用水定额，规定取水的先后顺序，保证用水控制指标的实现；通过制定规则，建立用水权交易市场，实行用水权有偿转让，引导水资源实现以节水、高效为目标的优化配置；建立全社会自觉节水的激励约束机制，提高水资源配置效率，为经济社会可持续发展提供水资源保障。

第10章 淮河流域现有节水管理制度评价

10.1 节水管理制度建设的必要性

10.1.1 是建设节水型社会的重要手段

传统的节水偏重于通过节水工程、设施及技术等发展节水生产力，并通过行政手段进行推动。而节水型社会的本质特征是建立以水权、水市场理论为基础的水资源管理体制，形成以经济手段为主的节水机制，建立起自律式发展的节水模式，不断提高水资源的利用效率和效益。

节水型社会建设的核心是制度建设，内涵包括构建三大体系：一是建立与用水权管理为核心的水资源管理制度体系；二是建立与区域水资源承载能力相协调的经济结构体系；三是建立与水资源优化配置相适应的节水工程和技术体系。相比传统的节水方式，节水型社会是通过制度建设，注重对生产关系的变革和经济手段的运用，形成全社会的节水动力和节水机制。

节水型社会建设是解决我国水资源短缺问题的根本出路。而在建设过程中，还需要配套的社会变革和制度创新进行支持。通过节水管理制度建立，可以贯彻节水理念，实现水资源优化配置与可持续利用。

开展节水管理制度建设，是从水资源的自然属性出发，强化流域内的水资源统一管理，协调用水矛盾。建立流域节水管理制度，是保障实现国家节水型社会建设目标的重要手段；是提高节水工作效率，加快区域节水型社会建设步伐的前提；更是推进淮河流域节水工作、加大节水管理力度的关键途径。

10.1.2 是转变水管理思路的客观需要

人们的用水习惯和用水观念比较落后。我国长期以来一直倡导"以需定供"。"以需定供"是在水资源量比较富足的条件下，通过兴建大中型水利工程等措施和手段获取所需要的水资源，实现水资源供需平衡的一种水资源管理模式。在管理目标上，它强调"供给第一、以需定供"；在管理手段上，主要以行政手段管理为主；在管理理念上，忽视了水的自然属性，由此导致水资源过度开发。因此，这是一种不可持续的水资源管理模式，最终会破坏自然水循环的水资源再生能力，诱发和激化自然水循环和社会水循环的不协调问题。

随着城市化加快，人口数量递增，水资源需求量急剧增加，我国水资源总量相对于庞大的需水量而言，显得十分匮乏。长远看来，盲目使用水资源对自然环境和社会发展都有巨大的负面影响。因此迫切需要改变水资源管理思路，摈弃"用之不尽，取之不竭"的愚昧思想，强调用水效率。应由原先的"以需定供"变为"以供定需"，即综合运用行政、制度、经济和政策等多种管理手段来规范水资源开发利用中的人类行为，抑制水资源需求过快增长，实现对有限水资源的优化配置和可持续化利用。在管理理念上，"以供定需"强调水资源是一种稀缺的经济资源，应把开源和节水有机结合起来；在管理目标上，强调以节水和提高用水效率为宗旨。

10.1.3 是规范节水管理工作的必然要求

制度是人类设计的制约人们相互行为的约束条件，具体分为三种类型，即正式规则、非正式规则和这些规则的执行机制。正式规则又称正式制度，是指政府、国家等按照一定的目的和程序有意识创造的一系列的政治、经济规则及契约等法律法规，以及由这些规则构成的社会等级结构，包括从宪法到成文法与普通法，再到明细的规则和个别契约等，它们共同构成人们行为的激励和约束；非正式规则是人们在长期实践中无意识形成的，具有持久的生命力，并构成世代相传的文化的一部分，包括价值信念、伦理规范、道德观念、风俗习惯及意识形态等因素；执行机制是为了确保上述规则得以实施的相关制度安排，它是制度安排中的关键一环。这三部分构成完整的制度内涵。

制度作为人类社会当中人们行为的准则，是人们用以衡量自己行为的标准。从内容上看，制度由组织制度和工作制度组成，是组织和机构具体工作的规范，包括相关法律法规、程序、惯例、传统和风俗等。建立节水管理制度，就是通过程序化的方式，规范节水工作流程和职责。

作为一个完整的生命系统和生态系统，河流系统的水资源管理问题，不能单纯依靠某个部门、某一地区，它需要不同部门与地区之间的合作，也需要上中下游、左右岸的协调，强调有效的跨部门和跨行政区的综合管理。若流域内各地区按照自身情况进行节水，各地大多会从自身利益考虑。由于地区间差异较大，水资源时空分配不均，水量多的地区不重视节水，水量少的地区则需水紧张。同时各地区由于水资源利用情况不同，各地都制定了自身的节水措施和制度。

节水管理制度是通过制度化的形式，建立一套系统的水资源的开发利用和节约保护活动的管理制度，一方面可以保障流域内每个公民对水资源使用的权利；另一方面，通过对水资源节约使用进行规范，可以确保在生产、生活中合理节约使用水资源。节水管理制度主要任务就是建立水资源节水管理的相关规范及条例体系，形成内容完善、层次清晰的流域水资源管理体系，对有关监督机构和惩罚措施进行具体规定；明确水资源使用的权利和义务；规定水资源开发利用的方向并对用水量进行管理；培养每个居民节水意识和习惯；约束企业和居民个人浪费水资源的行为；鼓励非传统水资源的开发利用；协调流域内各利益主体间关系等等。建立流域节水管理制度，使得全流域节水工作有法可依、有章可循；规范工作程序，清晰办事流程；协调区域矛盾，统一节水制度；并通过监督奖罚手段、结合地方区域管理，保证流域内节水措施的有效贯彻和执行。

10.1.4 是促进流域经济发展的重要保障

现代经济社会不能持续发展的深刻根源，在于现存的以依靠消耗资源和牺牲环境为代价的传统发展模式，这是一种不可持续性的经济发展模式。而经济可持续发展是一种合理经济发展形态，它要求在发展经济的同时，充分考虑环境、资源和生态的承受能力，保持人与自然的和谐发展，实现自然资源的永续利用，实现社会的永续发展。通过实施经济可持续发展战略，使社会经济得以形成可持续发展模式，在经济、社会、生态的不同层次中力求达到三者相互协调和可持续发展，使生产、消费、流通都符合可持续经济发展要求。

增强经济可持续发展能力，首先就需要按照资源可持续利用的客观要求，健全水资源合理利用制度，以制度的强制性确保资源的有效利用，保证稀缺资源的合理使用。其次，合理开发新的水资源，不断提高水资源承载力，建成资源可持续利用的保障体系和科学合理的资源利用体系。其次，根据国家发展规划，加快转变经济发展方式，"引入循环经济，开发与节约并重，节约优先，按照减量化、再利用、资源化的原则，大力推进节能节水节地节材"。第三，在节水过程中，不仅强调地方政府参与可持续发展和节水工作中，流域管理机构更要发挥协调统筹的作用，"突破行政区划接线，形成若干带动力强、联系紧密的经济圈和经济带"，推动各个区域协调发展。

10.2　现有节水管理的政策法规依据

我国现有节水管理制度不仅体现于相关立法之中，还体现于其他规范性文件之中。就淮河流域而言，国家立法和相关部委颁发的其他规范性文件必然成为其节水管理的主要政策法规依据。此外，流域内各行政区域的地方性立法亦是淮河流域节水管理制度的重要组成部分。

10.2.1　相关国家立法

目前从国家立法层面看，我国尚无关于节水管理的专门性立法，有关节水管理的具体规定散见于宪法及相关水法规中。

（1）宪法

2004年3月修订的《中华人民共和国宪法》第一章"总纲"中第9条第2款规定："国家保障自然资源的合理利用，保护珍贵的动物和植物。禁止任何组织或者个人用任何手段侵占或者破坏自然资源"。第14条第2款又明确规定："国家厉行节约，反对浪费"。此法中的"自然资源"即包括了水资源，而"节约"二字显然包含了节约用水的内容。因此，我国宪法的上述规定成为我国节水管理的最根本的法律依据。

（2）法律

①《中华人民共和国水法》

该法由第九届全国人民代表大会常务委员会第二十九次会议于2002年8月29日修订通过，自2002年10月1日正式实施。

新水法把节约用水和水资源保护放在突出位置，除总则中多处提到节约用水外，还专列一章阐述节约用水，即第五章"水资源配置和节约使用"。该章共12条，其中5条为节约用水的内容。新水法中规定的节约用水条款共有19条之多，与旧水法相比，增加了15条。该法针对全社会节水意识和节水管理工作薄弱、水价偏低、用水浪费严重、水的重复利用率低的问题，从"法律"这个层面上，实现了节水工作的制度创新。

新水法把"建立节水型社会"这一目标写入总则，并规定实行"开源与节流相结合，节流优先"的原则，明确"单位和个人有节约用水的义务"、"国家对用水实行总量控制和定额管理相结合的制度"。此外，新水法还强调应加强政府节水职责，并明确规定了节水管理工作中需实行的一系列节水制度，最终形成了从规划、设计、建设、利用、消费、流通到资源再生等各个环节较为完整的节水管理制度体系。

总之，突出节水是新水法的鲜明特点之一。新水法关于节水方面的规定体现了新时期完整的节水工作新思路，有较强的前瞻性和指导性，指明了我国节水工作发展的方向。

②《中华人民共和国清洁生产促进法》

该法由第九届全国人民代表大会常务委员会第二十八次会议于2002年6月29日通过，自2003年1月1日起施行。

该法的立法目的是：提高资源利用效率，减少或避免污染物的产生和排放，保护和改善环境，保障人体健康，促进社会经济的可持续发展。水资源作为生产所需的重要资源，其利用效率的提高必然成为该法重点规范的内容之一，该法从节水产品标志、节水产品优先采购、废水循环使用、节水技术采用等方面对节水问题做出了较为细致的规定。

③《中华人民共和国农业法》

该法由第九届全国人民代表大会常务委员会第三十一次会议于2002年12月28日修订通过，自2003年3月1日起施行。

该法明确要求：各级人民政府和农业生产经营组织应当加强农田水利设施建设，建立健全农田水利设施的管理制度，节约用水，发展节水型农业，严格依法控制非农业建设占用灌溉水源。同时，还明确指出：国家对缺水地区发展节水型农业给予重点扶持。

④《中华人民共和国企业所得税法》

该法由第十届全国人民代表大会第五次会议于2007年3月16日通过并公布，自2008年1月1日起施行。

为鼓励节约用水，该法明确规定：从事符合条件的环境保护、节能节水项目的企业所得，可以免征、减征企业所得税；企业购置用于环境保护、节能节水、安全生产等专用设备的投资额，可以按一定比例实行税额抵免；税收优惠的具体办法，由国务院规定。

上述规定突出了国家的产业政策导向，有利于贯彻可持续发展战略，促进节约型社会建设。

⑤《中华人民共和国水污染防治法》

该法于2008年2月28日由第十届全国人民代表大会常务委员会第三十二次会议修订通过，自2008年6月1日起正式施行。

水污染防治与节水管理有着天然的、不可分割的关联性。新修订的《中华人民共和国水污染防治法》要求造成水污染的企业进行技术改造，采取综合防治措施，提高水的重复利用率。此外，还明确规定：国家支持畜禽养殖场、养殖小区建设废水的综合利用或者无害化处理设施；在利用工业废水和城镇污水进行灌溉时，应防止污染土壤、地下水和农产品。

⑥《中华人民共和国循环经济促进法》

该法于 2008 年 8 月 29 日由第十一届全国人民代表大会常务委员会第四次会议通过，自 2009 年 1 月 1 日起施行。

就节水而言，该法明确提出：制定和完善节水标准；工业企业应加强用水计量管理，开展节水设施建设，鼓励和支持企业利用淡化海水；农业应建设和管护节水灌溉设施，提高用水效率，减少水的蒸发和漏失；餐饮、娱乐、宾馆等服务性企业应采用节水产品；鼓励和使用再生水；对节水产品实施税收优惠、贷款优惠和优先政府采购等。

（3）行政法规

①《取水许可和水资源费征收管理条例》（国务院令第 460 号）

该条例于 2006 年 1 月 24 日由国务院第 123 次常务会议通过，自 2006 年 4 月 15 日起施行。该条例出台的目的是"为了加强水资源管理和保护，促进水资源的节约与合理开发利用"。

对水资源依法实行取水许可制度和水资源费征收制度，是国家调控水资源需求、优化配置水资源、促进节约用水和有效保护水资源的基本法律制度，符合我国国情和建立社会主义市场经济体制的需要，也是实践证明行之有效的法律制度。

该条例明确将"开源与节流相结合、节流优先"作为实施取水许可的基本原则，并强调"实行总量控制与定额管理相结合"。此外，该条例还确立了水权转让的合法性，规定了计划用水和累进收取水资源费制度、建设项目水资源论证制度。尤其值得关注的是，为了提高农业用水效率，发展节水型农业，该条例首次明确提出对农业生产取水征收水资源费。

该条例的颁布实施，有利于促进我国经济结构调整和经济增长方式转变，推进节水型社会建设，促进水资源的合理配置与可持续利用。

②《中华人民共和国企业所得税法实施条例》（国务院令第 512 号）

该条例于 2007 年 11 月 28 日由国务院第 197 次常务会议通过，12 月 6 日公布，自 2008 年 1 月 1 日起施行。该条例实际上相当于以前的实施细则，是对《中华人民共和国企业所得税法》的有关规定做进一步的阐述，从而确保《中华人民共和国企业所得税法》的顺利施行。

该条例共 8 章 133 条，分为"总则、应纳税所得额、应纳税额、税收优惠、税源扣缴、特别纳税调整、征收管理、附则"八个部分。其中，该实施条例针对《中华人民共和国企业所得税法》第 27 条第（三）项所称的"符合条件的环境保护、节能节水项目"范围及税收减免幅度做出了具体规定，并对《中华人民共和国企业所得税法》第 34 条所称的"税额抵免"做出了细致的解释。

③《中华人民共和国抗旱条例》（国务院令第 552 号）

该条例于 2009 年 2 月 11 日由国务院第 49 次常务会议通过，2 月 26 日公布，自公布之日起施行。该条例制定目的是为了预防和减轻干旱灾害及其造成的损失，保障生活用水，协调生产、生态用水，促进经济社会全面、协调、可持续发展。

在节水方面，该条例明确指出：国家鼓励和扶持研发、使用抗旱节水机械和装备，推广农田节水技术，支持旱作地区修建抗旱设施，发展旱作节水农业。此外，还强调开展节水改造和节水宣传。

（4）部门行政规章

①《城市节约用水管理规定》（建设部令第 1 号）

该规定于 1988 年 11 月 30 日经国务院批准，1988 年 12 月 20 日由建设部颁发，自 1989 年 1 月 1 日起实施。该规定适合用于城市规划区内节约用水的管理工作，其出台的目的是为了"加强城市节约用水管理，保护和合理用水源，促进国民经济和社会发展"。

该规定在强调"城市实行计划用水和节约用水"的基础上，明确指出：国务院城市建设行政主管部门主管全国的城市节约用水工作，业务上受国务院水行政主管部门指导；应制定节约用水发展规划和节约用水年度计划；超计划用水必须缴纳超计划用水加价水费；用水单位应采取循环用水、一水多用措施；加强供水设施的维修管理，减少水的漏损量等。

②《城市用水定额管理办法》（建城〔1991〕278 号）

该办法于 1991 年 4 月 25 日由建设部、国家计委联合颁布，自颁布之日起实施。其制定的目的是为了"加强城市计划用水、节约用水管理，提高城市节约用水工作的科学管理水平，使城市用水定额制定工作规范化、制度化"。

《城市用水定额管理办法》明确指出：制定城市用水定额，必须符合国家有关标准规范和技术通则，用水定额要具有先进性和合理性；城市用水定额是城市建设行政主管部门编制下达用水计划和衡量用水单位、居民用水和节约用水水平的主要依据，各地要逐步实现以定额为主要依据的计划用水管理，并以此实施节约奖励和浪费处罚；城市建设行政主管部门负责城市用水定额的日常管理，检查城市用水定额实施情况等。

③《城市房屋便器水箱应用监督管理办法》（建设部令第 17 号）

该办法于 1992 年 4 月 17 日由建设部颁发，2001 年 9 月 4 日由建设部令第 103 号予以修正。其出台的目的是"为加强对城市房屋便器水箱质量和应用的监督管理，节约用水"。

《城市房屋便器水箱应用监督管理办法》明确规定：新建房屋建筑必须安装符合国家标准的便器水箱和配件；应逐步推广使用节水型水箱配件和克漏阀等节水型产品；设置加价水费制度，并强调按本办法征收的加价水费按国家规定管理，专项用于推广应用符合国家标准的便器水箱和更新改造淘汰便器水箱，不得挪用等。

④《城市中水设施管理暂行办法》（建城〔1995〕713 号）

该办法于 1995 年 12 月 8 日由建设部颁发，自发布之日起施行。其制定的目的是为了"推动城市污水的综合利用，促进节约用水"。

该办法在明确界定"中水"和"中水设施"概念的基础上，规定了中水的主要用途，要求凡水资源开发程度和水体自净能力基本达到资源可以承受能力地区的城市，应当建设中水设施，并根据建筑面积和中水回用水量明确规定了中水设施建设条件。该办法特别强调：中水设施应与主体工程同时设计、同时施工、同时交付使用；中水设施的管道、水箱等设备其外表应当全部涂成浅绿色，并严禁与其他供水设施直接连接；中水设施的出口必须标有"非饮用水"字样。

⑤《建设项目水资源论证管理办法》（水利部、国家发展计划委员会令第 15 号）

该办法于 2002 年 3 月 24 日由水利部和国家发展计划委员会联合发布。该办法的出台是为了"促进水资源的优化配置和可持续利用，保障建设项目的合理用水要求"。

该办法明确规定"建设项目利用水资源，必须遵循合理开发、节约使用、有效保护的原则"。此外，其附件《建设项目水资源论证报告书编制基本要求》明确将"节水措施与节水潜力分析"列入"建设项目用水量合理性分析"之中。

⑥《水利工程供水价格管理办法》（国家发改委、水利部第 4 号令）

该办法于 2003 年 7 月 3 日由国家发展和改革委员会与水利部联合发布，自 2004 年 1 月 1 日起施行。其核心内容是建立科学合理的水利工程供水价格形成机制和管理体制，促进水资源的优化配置和节约用水。该办法的出台，标志着我国水利工程供水价格改革进入了一个新的阶段。

该办法明确了水利工程供水的商品属性，彻底改变了长期以来将水利工程水费作为行政事业性收费进行管理的模式，依法将水利工程供水价格纳入了商品价格范畴进行管理。此外，还确立了水利工程水价形成机制以及核价的原则和方法，明确水利工程供水价格按照补偿成本、合理收益、优质优价、公平负担的原则制定，并根据供水成本、费用及市场供求的变化情况适时调整。尤其值得一提的是，该办法规定了超定额累进加价、丰枯季节水价和季节浮动水价制度。

价格机制是促进节水的有效经济手段，该办法的上述规定显然对于我国节水型社会建设具有十分重要的意义。

⑦《水量分配暂行办法》（水利部令第32号）

该办法于2007年12月5日由水利部颁布，自2008年2月1日起施行。该办法的出台，首次对跨行政区域的水量分配原则、机制作了较全面的规定。

合理、科学的水量分配是节水型社会建设的必要基础，也是节水管理中重要的一环。水资源以流域为自然单元，而一个流域又往往包括多个不同的行政区域。每个行政区域的发展都有水资源需求，而水资源总量是有限的，因此必须以流域为单元，将水资源在流域内的行政区域之间进行科学、合理的配置。

该办法特别强调：水量分配应当遵循公平和公正的原则，充分考虑流域与行政区域水资源条件、供用水历史和现状、未来发展的供水能力和用水需求、节水型社会建设的要求，妥善处理上下游、左右岸的用水关系，协调地表水与地下水、河道内与河道外用水，统筹安排生活、生产、生态与环境用水。

⑧《取水许可管理办法》（水利部令第34号）

该办法于2008年4月9日由水利部公布，自公布之日起施行。

该办法作为《中华人民共和国水法》和《取水许可和水资源费征收管理条例》（国务院令第460号）的配套规章，对取水许可实施中需要进一步明确的事项和《取水许可和水资源费征收管理条例》授权水利部另行规定的事项做出了具体的规定，内容涉及取水的申请和受理、取水许可的审查和决定、取水许可证的发放和公告、监督管理以及罚则等。该办法的出台，对于完善取水许可制度、增强有关制度的可操作性、推进取水许可制度的实施具有重要意义。

10.2.2　部门规范性文件

我国涉及节水的部门规范性文件较多，主要颁发机构有：国务院及其办公厅、国家发展与改革委员会（原国家计委）、水利部、建设部等。

（1）国务院及其办公厅发布的规范性文件

国务院及其办公厅发布的涉及节水的规范性文件见表10-1。

　　　　淮河流域节水型社会建设与制度体系研究

表 10-1　国务院及其办公厅发布的节水规范性文件

	文件名称	文号
1	《水利产业政策》	国发〔1997〕35 号
2	《关于加强城市供水节水和水污染防治工作的通知》	国发〔2000〕36 号
3	《关于开展资源节约活动的通知》	国办发〔2004〕30 号
4	《关于推进水价改革促进节约用水保护水资源的通知》	国办发〔2004〕36 号
5	《关于做好节约型社会近期重点工作的通知》	国发〔2005〕21 号

（2）国家发展与改革委员会发布的规范性文件

国家发展与改革委员会（含原国家计委）发布的涉及节水的规范性文件详见表 10-2。

表 10-2　国家发展与改革委员会发布的节水规范性文件

	文件名称	文号
1	《关于印发改革水价促进节约用水的指导意见的通知》	计价格〔2000〕1702 号
2	《关于印发改革农业用水价格有关问题的意见的通知》	计价格〔2001〕586 号
3	《关于进一步推进城市供水价格改革工作的通知》	计价格〔2002〕515 号
4	《关于印发建设节约型社会近期重点工作分工的通知》	发改环资〔2005〕1225 号
5	《关于加强政府机构节约资源工作的通知》	发改环资〔2006〕284 号

（3）水利部发布的规范性文件

水利部发布的涉及节水的规范性文件详见表 10-3。

表 10-3　水利部发布的节水规范性文件

	文件名称	文号
1	《关于全面加强节约用水工作的通知》	水资文〔1999〕245 号
2	《水利产业政策实施细则》	水政法〔1999〕311 号
3	《关于加强用水定额编制和管理的通知》	水资源〔1999〕519 号
4	《关于印发开展节水型社会建设试点工作指导意见的通知》	水资源〔2002〕558 号

	文件名称	文号
5	《关于印发有关节水灌溉示范项目建设管理文件的函》	农水灌函字〔2003〕第22号
6	《关于加强节水型社会建设试点工作的通知》	水资源〔2003〕634号
7	《关于印发节水型社会建设规划编制导则（试行）的通知》	水资源〔2004〕142号
8	《关于水权转让的若干意见》	水政法〔2005〕11号
9	《关于印发水权制度建设框架的通知》	水政法〔2005〕12号
10	《关于印发节水型社会建设评价指标体系（试行）的通知》	水办资源〔2005〕179号
11	《关于落实〈国务院关于做好建设节约型社会近期重点工作的通知〉，进一步推进节水型社会建的通知》	水资源〔2005〕400号
12	《水利部〈节水型社会建设项目〉管理办法》	财经预〔2006〕63号
13	《全国节水规划纲要（2001—2010）》	全节办〔2002〕2号（由挂靠在水利部的全国节约用水办公室颁发）
14	《关于印发节水型社会建设规划编制导则的通知》	办资源〔2008〕142号
15	《关于开展节水型社会建设试点中期评估工作的通知》	全节办〔2009〕4号
16	《关于确定第四批全国节水型社会建设试点的通知》	水资源〔2010〕248号
17	《关于印发节水型社会建设"十二五"规划的通知》	水规计〔2012〕40号
18	《水利部办公厅关于做好第三批全国节水型社会建设试点验收工作的通知》	办资源〔2013〕131号
19	《水利部办公厅关于做好第四批全国节水型社会建设试点验收工作的通知》	办资源〔2014〕37号

（4）建设部颁发的规范性文件

住房和城乡建设部（原建设部）发布的涉及节水的规范性文件详见表
10-4。

表 10-4　建设部发布的节水规范性文件

	文件名称	文号
1	《节水型企业（单位）目标导则》	城建〔1997〕45 号
2	《关于进一步加强城市节约用水和保证供水安全工作的通知》	建城〔2003〕171 号

（5）各部委联合颁发的规范性文件

各部委联合颁发的涉及节水的规范性文件主要见表 10-5。

表 10-5　各部委联合颁发的规范性文件

	颁发机构	文件名称	文号
1	建设部、国家经贸委、国家计委	《关于印发〈节水型城市目标导则〉的通知》	建城〔1996〕593 号
2	国家计委、建设部	《城市供水价格管理办法》（2004 年 11 月 29 日由国家发展改革委、建设部修订）	计价格〔1998〕1810号；发改价格〔2004〕2708 号修订
3	国家经贸委、水利部、建设部、科技部、国家环保总局	《关于加强工业节水工作的意见》	国经贸资源〔2000〕1015 号
4	建设部、国家经贸委	《关于进一步开展创建节水型城市活动的通知》	建城〔2001〕63 号
5	建设部、国家发展和改革委员会	《关于全面开展创建节水型城市活动的通知》	建城〔2004〕115 号
6	国家发展和改革委员会、水利部	《大型灌区节水续建配套项目建设管理办法》	发改投资〔2005〕1506 号
7	国家发展和改革委员会、科技部、水利部、建设部、农业部	《中国节水技术政策大纲》	公告 2005 年第 17 号
8	国家发展改革委　水利部　建设部	《关于印发节水型社会建设"十一五"规划的通知》	发改环资〔2007〕236 号
9	中共中央宣传部、水利部、国家发展和改革委员会、建设部	《关于加强节水型社会宣传的通知》	水办〔2005〕382 号

	颁发机构	文件名称	文号
10	财政部、水利部	《关于印发〈节水灌溉贷款中央财政贴息资金管理暂行办法〉的通知》	财农〔2005〕279号
11	建设部、国家发展和改革委员会	《关于印发〈节水型城市申报与考核办法〉和〈节水型城市考核标准〉的通知》	建城〔2006〕140号
12	建设部、科学技术部	《关于印发〈城市污水再生利用技术政策〉的通知》	建科〔2006〕100号
13	财政部、国家发展和改革委员会、水利部	《关于印发〈水资源费征收使用管理办法〉的通知》	财综〔2008〕79号
14	财政部、国家发展和改革委员会、水利部	《关于中央直属和跨省水利工程水资源费征收标准及有关问题的通知》	发改价格〔2009〕1779号
15	工业和信息化部、水利部国家统计局、全国节约用水办公室	《关于印发〈重点工业行业用水效率指南〉的通知》	工信部联节〔2013〕367号
16	水利部、国家机关事务管理局、全国节约用水办公室	关于开展公共机构节水型单位建设工作的通知	水资源〔2013〕389号

10.2.3 相关地方立法

除国家立法和有关部委规范性文件外，我国各级地方政府也发布了一系列节水方面的地方法规，为当地的节水型社会建设奠定了良好的基础。淮河流域主要跨安徽、江苏、河南、山东四省，各省的节水地方立法工作均取得了一定的进展（参见表10-6）。

表10-6　淮河流域地方节水立法

省市		地方法规名称	颁布及实施时间
安徽省	省级	《安徽省城市节约用水管理办法》	1996年6月28日通过，自1997年1月1日起施行。2004年6月21日修订
	合肥市	《合肥市城市节约用水管理条例》	1998年12月25日通过，2008年12月20日修订
	淮北市	《淮北市节约用水管理办法》	2007年10月12日颁布，自2007年12月1日起施行

省市		地方法规名称	颁布及实施时间
江苏省	省级	《江苏省水资源管理条例》	1993 年 12 月 29 日通过，2003 年 8 月 15 日修订，自 2003 年 10 月 1 日起施行
	徐州市	《徐州市节约用水条例》	2007 年 11 月 30 日批准，自 2008 年 3 月 1 日起施行
	淮安市	《淮安市节约用水管理办法》	2008 年 11 月 28 日颁布，自公布之日起实施
	泰州市	《泰州市节约用水管理办法》	2009 年 2 月 26 日通过，自公布之日起实施
山东省	省级	《山东省节约用水办法》	2003 年 1 月 7 日通过，自 2003 年 8 月 1 日起施行，2011 年重新修订
	日照市	《日照市城市节约用水管理办法》	2006 年 11 月 2 日通过，自 2006 年 12 月 1 日起施行
	淄博市	《淄博市节约用水办法》	2008 年 8 月 3 日通过，自 2008 年 10 月 1 日起实施
	青岛市	《青岛市城市节约用水管理条例》	1995 年 12 月 14 日实施，2010 年修订
河南省	省级	《河南省节约用水管理条例》	2004 年 5 月 28 日通过，自 2004 年 9 月 1 日起施行
	郑州市	《郑州市节约用水条例》	2006 年 8 月 25 日通过，2006 年 12 月 1 日批准，2006 年 12 月 20 日公布，自 2007 年 2 月 1 日起施行
	平顶山市	《平顶山市节约用水管理办法》	2010 年 12 月 28 日印发，自发布之日起施行

10.3 现有节水管理制度简介

淮河流域节水管理制度简图见图 10-1。

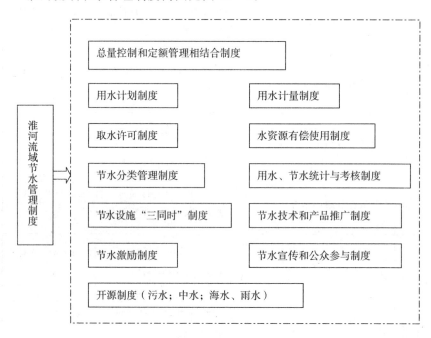

图 10-1 淮河流域节水管理制度简图

10.3.1 总量控制和定额管理相结合制度

我国《中华人民共和国水法》明确规定："国家对用水实行总量控制和定额管理相结合的制度。"总量控制是节约用水的宏观控制指标，定额管理是微观控制指标。加强用水定额管理是实行总量控制的前提。

10.3.2 用水计划制度

用水计划是总量控制的直接依据。我国现有立法对于用水计划的制定和调整均有着较为具体的规定。

（1）区域年度用水计划的制定

《中华人民共和国水法》第 47 条第 3 款规定："县级以上地方人民政府发展计划主管部门会同同级水行政主管部门，根据用水定额、经济技术条件以及水量分配方案确定的可供本行政区域使用的水量，制定年度用水计划，对本行政区域内的年度用水实行总量控制。"

（2）单位用水计划的下达

在行政区域制定年度用水计划的基础上，区域用水计划尚须分解并下达至各用水单位。虽然我国《中华人民共和国水法》对此未加涉及，但淮河流域已有部分城市的地方立法对此做出了较为详细的规定。

（3）单位用水计划的调整

单位用水计划一经核定，原则上不得变更。但在符合法定条件的情形下，可以由用水单位提出变更申请。目前，淮河流域部分省、市已就此做出了具体规定，如：《江苏省水资源管理条例》第39条、《河南省节约用水管理条例》第10条和第11条、《淮北市节约用水管理办法》第12条、《淮安市节约用水管理办法》第11条、《淄博市节约用水办法》第15条。

10.3.3 用水计量制度

计量是实施定额管理，加强节水监督的基础。我国《中华人民共和国水法》第49条第1款规定："用水应当计量，并按照批准的用水计划用水。"《中华人民共和国循环经济法》第20条第2款规定："工业企业应当加强用水计量管理，配备和使用合格的用水计量器具，建立水耗统计和用水状况分析制度。"

淮河流域一些省市地方立法中针对用水计量制度做出了更为细致而具体的规定，如：《江苏省水资源管理条例》第38条、《山东省节约用水办法》第12条、《合肥市城市节约用水管理条例》第15条、《淮北市节约用水管理办法》第13条、《淮安市节约用水管理办法》第14条、《郑州市节约用水条例》第15条。

10.3.4 取水许可制度

依据我国《中华人民共和国水法》第7条之规定，国家对水资源依法实行取水许可制度。《取水许可和水资源费征收管理条例》第15条则针对取水许可总量控制指标的制定做出了具体规定。

作为《中华人民共和国水法》和《取水许可和水资源费征收管理条例》的配套规章，2008年4月9日公布并施行的《取水许可管理办法》对取水许可问题做出了更为具体、细致的规定，内容涉及：取水的申请和受理、取水许可的审查和决定、取水许可证的发放和公告、监督管理以及罚则等。此外，淮河流域一些地方立法亦对取水许可做出了相应的规定。总体来看，我国已形成了较为完善的取水许可制度。

10.3.5 水资源有偿使用制度

依据我国《中华人民共和国水法》第 7 条之规定，国家对水资源依法实行有偿使用制度。水资源有偿使用制度的确立，不仅有利于促进水资源的合理开发，而且有利于推进水资源的节约与保护。

综观我国水资源有偿使用制度，体现节约用水的主要内容如下：

（1）实行超额累进加价制

《中华人民共和国水法》第 49 条第 2 款规定："用水实行计量收费和超定额累进加价制度。"《取水许可和水资源费征收管理条例》第 28 条规定："取水单位或者个人应当缴纳水资源费。取水单位或者个人应当按照经批准的年度取水计划取水。超计划或者超定额取水的，对超计划或者超定额部分累进收取水资源费。"淮河流域一些主要省、市的地方立法中则明确规定了针对超计划用水实施加价水费的具体征收标准。

（2）体现行业差别化

《取水许可和水资源费征收管理条例》明确指出：在制定水资源费征收标准时应"充分考虑不同产业和行业的差别"。

（3）限定水资源费用途

《取水许可和水资源费征收管理条例》第 36 条明确规定："征收的水资源费应当全额纳入财政预算，由财政部门按照批准的部门财政预算统筹安排，主要用于水资源的节约、保护和管理，也可以用于水资源的合理开发。"此后颁布的《水资源费征收使用管理办法》不仅详细规定了水资源费的征收和缴库问题，还针对水资源费的使用管理问题做出了较为细致的规定。

10.3.6 节水分类管理制度

当前，淮河流域节水管理主要采用分类管理的方式，即：将用水区分为生活用水和非生活用水，实施分类管理。对于居民生活用水实行按户计量收费，对于非生活用水实行计划用水管理。

（1）居民用水户：实行计量收费

淮河流域一些地方立法明确指出：居民生活用水实行按户计量收费。城市住宅小区应当按照"一户一表，计量出户"的要求逐步规范给水系统，实行阶梯式计量水价。

（2）非居民用水户或计划用水户：实行计划用水

淮河流域一些地方立法明确界定了"计划用水户"的范围，有的则将"非居民用水户"细分为"重点用水户"和"一般用水户"。在此基础上，对非居民用水户或计划用水户实施计划用水管理。如：要求计划用水户应根据用水定额和生产经营需要提出下年度的用水计划申请，报送当地水行政主管部门；应建立健全用水统计台账及用水、节水管理规章制度；定期向市节水办或当地水行政主管部门报送用水、节水统计报表；指定专人具体负责节约用水工作等。

10.3.7 节水设施"三同时"制度

《中华人民共和国水法》第 53 条规定："新建、扩建、改建建设项目，应当制订节水措施方案，配套建设节水设施。节水设施应当与主体工程同时设计、同时施工、同时投产。供水企业和自建供水设施的单位应当加强供水设施的维护管理，减少水的漏失。"第 71 条规定："建设项目的节水设施没有建成或者没有达到国家规定的要求，擅自投入使用的，由县级以上人民政府有关部门或者流域管理机构依据职权，责令停止使用，限期改正，处五万元以上十万元以下的罚款。"

此外，《中华人民共和国循环经济法》第 20 条及淮河流域各地方立法均规定了节水设施"三同时"制度。

10.3.8 用水、节水统计与考核制度

（1）用水、节水统计

用水、节水统计活动的开展，是顺利推进节水工作的必要基础和前提。当前，淮河流域一些地方立法已设置了相关用水、节水统计制度，如：《河南省节约用水管理条例》第 14 条、《合肥市城市节约用水管理条例》第 11 条、《淮北市节约用水管理办法》第 11 条、《徐州市节约用水条例》第 21 条、《淮安市节约用水管理办法》第 7 条、《郑州市节约用水条例》第 21 条。

（2）用水考核

用水考核有助于增强用水户的节水压力与动力。淮河流域仅个别地方立法设置了用水考核制度。其中《河南省节约用水管理条例》第 26 条、《淮安市节约用水管理办法》第 10 条，仅对用水考核做出了简要的规定，《徐州市节约用水条例》则设置了更为详细的用水考核制度。

10.3.9 节水技术和产品推广制度

我国《中华人民共和国水法》第 8 条明确规定："国家厉行节约用水，大力推行节约用水措施，推广节约用水新技术、新工艺，发展节水型工业、农业和服务业，建立节水型社会。各级人民政府应当采取措施，加强对节约用水的管理，建立节约用水技术开发推广体系，培育和发展节约用水产业。单位和个人有节约用水的义务。"

综观当前立法，有关节水技术和产品推广制度主要体现为：①节水技

术的研发、推广；②节水产品的推广；③节水产品的标准化；④高耗水工艺、设备和产品的强制淘汰。

10.3.10 节水激励制度

（1）水权交易制度

《取水许可和水资源费征收管理条例》第27条规定："依法获得取水权的单位或者个人，通过调整产品和产业结构、改革工艺、节水等措施节约水资源的，在取水许可的有效期和取水限额内，经原审批机关批准，可以依法有偿转让其节约的水资源，并到原审批机关办理取水权变更手续。具体办法由国务院水行政主管部门制定。"显然，水权交易在我国已得到立法的确认。

（2）节水奖励制度

《中华人民共和国水法》第11条规定："在开发、利用、节约、保护、管理水资源和防治水害等方面成绩显著的单位和个人，由人民政府给予奖励。"《取水许可和水资源费征收管理条例》第9条规定："任何单位和个人都有节约和保护水资源的义务。对节约和保护水资源有突出贡献的单位和个人，由县级以上人民政府给予表彰和奖励。"淮河流域各地方立法均设置了节水奖励制度，但存在一定的差异。

（3）政府扶持制度

① 节约用水专项资金。淮河流域个别省、市以立法方式明确设立了"节约用水专项资金"，如：《河南省节约用水管理条例》第28条第1款、《淮北市节约用水管理办法》第26条、《淮安市节约用水管理办法》第5条。

② 财政补贴。《郑州市节约用水条例》第40条明确规定："推广应用节水型设施、设备、器具及开展节约用水宣传、科研、奖励等所需费用，财政部门可给予补贴。"

③ 税收优惠。《中华人民共和国循环经济法》第44条规定："国家对促进循环经济发展的产业活动给予税收优惠，并运用税收等措施鼓励进口先进的节能、节水、节材等技术、设备和产品，限制在生产过程中耗能高、污染重的产品的出口。具体办法由国务院财政、税务主管部门制定。企业使用或者生产列入国家清洁生产、资源综合利用等鼓励名录的技术、工艺、设备或者产品的，按照国家有关规定享受税收优惠。"

④ 贷款优惠。《中华人民共和国循环经济法》第45条规定："县级以上人民政府循环经济发展综合管理部门在制定和实施投资计划时，应当将节能、节水、节地、节材、资源综合利用等项目列为重点投资领域。对符

合国家产业政策的节能、节水、节地、节材、资源综合利用等项目，金融机构应当给予优先贷款等信贷支持，并积极提供配套金融服务。"

⑤ 政府优先采购。《中华人民共和国清洁生产促进法》第 16 条规定："各级人民政府应当优先采购节能、节水、废物再生利用等有利于环境与资源保护的产品。"《中华人民共和国循环经济法》第 47 条规定："国家实行有利于循环经济发展的政府采购政策。使用财政性资金进行采购的，应当优先采购节能、节水、节材和有利于保护环境的产品及再生产品。"

10.3.11　节水宣传与公众参与制度

（1）节水宣传制度

节水宣传是提高全民节水意识的必要前提。当前，淮河流域各地方性节水立法均规定了此项制度。如：《合肥市城市节约用水管理条例》第 5 条、《淮北市节约用水管理办法》第 7 条、《徐州市节约用水条例》第 7 条规定、《郑州市节约用水条例》第 6 条等。

（2）公众参与制度

《中华人民共和国循环经济法》第 10 条第 3 款规定："公民有权举报浪费资源、破坏环境的行为，有权了解政府发展循环经济的信息并提出意见和建议。"《山东省节约用水办法》第 8 条、《合肥市城市节约用水管理条例》第 21 条、《淄博市节约用水办法》第 5 条均原则性地规定了公众参与的主要方式，即对违反节水规定的行为进行举报。《河南省节约用水管理条例》第 6 条则将节水管理中的公众参与从"举报"扩充到"监督、制止、举报"。

10.3.12　开源制度

节水管理工作不仅应强调节约水资源，同时还必须关注如何"开源"的问题。我国《中华人民共和国水法》总则明确规定了"开源与节流相结合，节流优先"的原则。事实上，水资源是有限的，不可能在现有水资源之外寻找到新的可利用水源。此处的"开源"，只能是通过污水再利用、中水、海水、雨水等非常规水源来实现。

（1）污水再生利用

我国《中华人民共和国水法》、《中华人民共和国清洁生产促进法》、《中华人民共和国水污染防治法》均对污水再生利用问题做出了规定。其中，《中华人民共和国水污染防治法》第 40 条规定："国务院有关部门和县级以上地方人民政府应当合理规划工业布局，要求造成水污染的企业进行技术改造，采取综合防治措施，提高水的重复利用率，减少废水和污染物排放量。"第 51 条第 2 款规定："利用工业废水和城镇污水进行灌溉，应当防止污染土壤、地下水和农产品。"

（2）中水再生利用

《城市中水设施管理暂行办法》明确规定了应建设中水设施的工程项目要求。淮河流域一些地方立法对此也做出了具体规定，如：《日照市城市节约用水管理办法》第22条、《淄博市节约用水办法》第24条、《郑州市节约用水条例》第27条。

（3）海水、雨水利用

《中华人民共和国水法》第24条规定："在水资源短缺的地区，国家鼓励对雨水和微咸水的收集、开发、利用和对海水的利用、淡化。"《中华人民共和国循环经济法》第20条第4款规定："国家鼓励和支持沿海地区进行海水淡化和海水直接利用，节约淡水资源。"

由上可见，节水管理制度在我国已初步建立。就淮河流域而言，部分省、市在国家现有原则性制度规定基础上，已尝试性地开展了地方性的节水管理制度建设工作，并取得了可喜的成果。

10.4　现有节水管理制度的局限性分析

尽管当前淮河流域节水管理制度已初步形成，但仍有一些制度缺陷和不足，主要体现如下：

10.4.1　节水管理法律体系欠完善

（1）欠缺统一的流域节水立法

节水管理是水资源管理工作中重要的一环，也是流域管理机构的重要职能之一。目前，我国尚无一部流域综合性法律，也没有专门的流域节水统一立法。现有法律法规无法解决流域综合管理的机制等问题。就淮河流域而言，由于欠缺统一的流域节水立法，有关流域管理机构在节水管理工作中所处的地位和应具有的职权缺少明晰的法律规定，节水管理工作主要由地方承担。

（2）地方节水立法欠普及

淮河流域共涉及五省四十个地市，其中只有合肥、淮北、徐州、淮安、泰州、日照、淄博、郑州等城市制定了有关节约用水的地方性立法，地方节水立法比例较低。大多数城市节水管理制度建设尚未取得明显成效。在欠缺流域节水立法的情形下，这些城市的节水管理工作必然缺乏有效的制度保障。

10.4.2 节水地方立法欠协调或存在冲突

综观当前淮河流域各地方立法，存在一些较为明显的不协调或相冲突之处，如节水规划与计划的制定主体不同，用水计划调整的条件要求不同，水平衡测试主体不同，节水统计主管部门不同，中水设施建设的项目要求不同等。

10.4.3 某些节水管理制度欠完善或缺失

虽然，国家出台的相关法律法规已对一些重要的节水管理制度做出了规定，但大多为原则性条款，欠缺可操作性，如水权交易制度、节水奖励制度、节水技术研究推广制度、公众参与制度等。

此外，一些与基本节水管理制度相配套的具体制度尚未设立，如节水信息化建设制度、节水管理培训制度、节水文化建设制度、流域管理机构节水管理工作制度等。

10.4.4 不同部门不同时期颁布的法律法规相互冲突，影响着国家法律的严肃性和权威性

对水资源进行法律调整的有关法律、法规和规范性法律文件，由于制定时间不同、制定主体不同、调整的范围不同、立法的指导思想不同、立法技术的差异，导致了在水资源管理中出现了法律冲突，严重影响了法律的实施，也损害了法律的严肃性和权威性。主要表现为：水资源法律体系与其他相关的法律衔接不流畅，各相关法律制度之间存在相互冲突或者潜在的相互冲突；水资源开发、利用、节约、管理、保护和水害防治等各方面的法律制度不尽协调。

10.4.5 法律规定过于原则，缺乏可操作性，直接影响了水资源法律的实施

水事法律调整对象的复杂性决定了水事法律必须从调整对象本身出发，尊重水资源自身规律，明确规定水资源的具体内容，建立具有可操作性的法律制度，保证水事法律的正确实施。如《中华人民共和国水法》第50条：各级人民政府应当推行节水灌溉方式和节水技术，对农业蓄水、输水工程采取必要的防渗漏措施，提高农业用水效率。

10.4.6 现行水资源法还存在不少空白点，亟待弥补

流域立法存在空白。长期以来，我国对水资源一直实行统一管理和分级、分部门管理的体制。由于没有认识到流域立法的重要性，忽视水资源自身发展规律，致使水资源危机不断加剧，成为制约我国经济持续、快速和健康发展的瓶颈。流域水资源立法是当今国际社会共同的做法，实践证明，对流域开展立法，有利于发挥水资源的多种社会功能，实现水资源的

可持续利用。

10.5　淮河流域节水管理制度建设需解决的主要问题

10.5.1　界分流域管理机构与地方区域在节水管理中的事权

目前，我国立法尚未对流域管理机构、地方水行政主管部门、城市建设行政主管部门和节约用水办公室等相关节水管理部门进行职权和责任的全面、系统界分，由此导致实践中的流域管理机构权力虚置。为充分发挥流域管理机构的职能，推进淮河流域节水型社会建设的进程，首先必须解决流域管理机构与地方区域在节水管理中的事权划分问题。

10.5.2　构建科学合理的流域节水管理制度体系

流域节水管理制度体系的构建，是顺利开展流域节水管理工作的必然要求。一个完整的节水管理制度体系应包含国家、流域及地方三大层次的制度内容。当前，国家层面的节水管理制度已初步形成，淮河流域的地方节水立法亦取得了一定的成果（虽然仍存在不足之处），但流域层面的节水管理制度尚欠缺。因此，如何构建科学合理的流域节水管理制度体系，是节水管理制度建设的重要内容之一。

10.5.3　建立和完善具体的节水管理制度

节水管理制度建设是一个不断推进和完善的过程。对于国家已有的节水立法原则性规定，淮河流域尚需根据自身流域特点做进一步的细化和完善，以增强立法的可操作性。对于存在的立法空白，则应开展更为审慎和细致的研讨，尝试新制度的构建。建设节水型社会需要进一步完善现行水资源法律制度。但是，由于法律所固有的滞后性，以及相关法律制度存在的诸多不足，水资源节约法律制度不能够完全应对水资源紧缺问题。因此，有必要完善水资源节约法律制度，重构我国水资源节约法律制度体系。

第11章　国内外流域节水制度比较分析

11.1　国外流域节水管理制度

世界发达国家在上百年的工业化进程中，分阶段出现过不同的水资源管理问题，但节水管理均为每个阶段水资源管理问题的重要组成部分。在不断的水资源管理探索中，欧美发达国家纷纷建立流域管理机制，即将自然地理范畴而非行政区域作为水资源管理区划的关键因素，并以此作为水资源管理体制构筑的基本原则。这样有利于加强对水资源的系统性和综合性管理，减少部门间权限的重复，以提高水资源管理的效率。和我国相比较而言，国外流域节水管理制度建设相对比较完善和成熟，这对中国流域节水管理制度的建设具有一定的借鉴意义。

11.1.1　水权交易制度

由于水资源状况、水资源管理体制和水法制定主体的不同，导致不同国家的水权交易制度不同，同一国家的不同流域内的水权交易体制也不相同。如欧洲部分国家、澳大利亚及美国一些水资源丰富的流域采用的是滨岸权水权体系，而美国西部比较干旱的一些州采用优先占用水权体系。下面主要以澳大利亚墨累—达令流域和美国田纳西流域为例来介绍国外的水权交易制度。

首先，两个流域具有比较明确的立法。澳大利亚联邦法律明确规定水资源是公共资源，归州政府所有，由其负责调整和分配水权。1994 的《水工业改革框架协议》要求各州推行水分配综合体系，该体系主要由水权所属关系、水量、可靠性、可转让性及水质等组成。1995 年 4 月，联邦政务院批准推行包括水工业在内的国家竞争政策和相应改革计划，联邦政府以协议的形式承诺为改革提供财政资助，以推动各州贯彻改革计划，大大促进了水权交易的发展。墨累—达令流域各州水法对水权有明确规定，如《维多利亚水法》，对水权的表现形式分为三种类型：一是授予具有灌溉和供水职能的管理机构、电力公司的水权，称为批发水权；二是授予个人从河道、地下或从管理机构的供水工程中直接取水以及河道内用水权利的许可证；三是灌区内农户的用水权，灌溉管理机构必须确保向农户提供生活、灌溉和畜牧用水。美国是联邦制国家，州的权力很大。田纳西流域横跨7个州，田纳西流域管理局要想实现对流域的统一开发管理，没有立法保证是无法实施的。美国国会于1933年通过的《田纳西流域管理法》，为其权利的实施提供法律保证。

其次，由于自然条件、经济和政治等方面的不同，两流域内各州、各地区水权交易的方式和活跃程度有所差异。墨累—达令流域维多利亚州北部的浇灌平原，主要是通过永久性水权交易的形式，将水调到酿酒葡萄、园艺种植等高附加值农业上，优化了水资源的配置，提高了公众节水的积极性。1998年，维多利亚州建立了北维多利亚水交易所，提供了大量必需的有关临时交易的市场信息，进一步提高了墨尔本—墨累地区临时性水权交易的效率。目前为满足可持续发展要求，维多利亚州正在强调节水和提高水的使用效率，希望农田用水效率提高后节约的水资源能用于增加生产或出售，用于高附加值产业。在南澳大利亚州，巴劳萨流域，与墨累—达令流域水权交易，使购买的水量被抽入到巴劳萨流域，不仅使水向高价值用途转移，而且增加了当地发展和就业条件。水权交易使水资源的利用向更高效益方面转移，给农业以及其他用水户带来了直接经济效益，促进了区域发展并改善了生态环境。同时，用水户和供水公司出于自身的经济利益，更加关注节约用水，促进先进技术的应用，提高用水管理水平。

11.1.2　水价制度

由于各国社会经济发展水平不同，水资源赋存条件也不一样，因此各国实行的水价制度和所采取的水价形成机制也不相同。经分析经济发达国家水价确定模式应用情况发现，即使同属经济发达的美国、法国、德国、英国等国家，水价确定模式也存在差异性。

美国水价制定总原则是完全回收成本，但各类用水户实行不同的水价。美国水价的制定遵循市场规律，基本上要考虑水资源价值、供水及污水处理成本、新增供水能力投资。水费包括供水债券、资源税、污水处理费、检测费、管线接驳费等等，水价每年修订一次，美国也注重水价对节约用水的杠杆作用。加拿大水价管理权限由联邦政府对其直接管辖的地区负责，直接制定这些地区的水价标准，水价主要由各省和地方政府负责，联邦政府在其中只起宏观指导作用，各级水价审批部门有权对供水和用水实行双向管理。

欧盟强调"谁用水谁付费"原则，强制引入用水计量措施。以水资源使用与水资源价值一致性的经济评估为基础，建立水费制度，按水框架指令要求，适当提高水资源使用效率，根据不同的用水目的制定不同的水费。水价由国家通过宏观政策进行调控，由流域委员会制定水价政策，具体水价则由地方政府制定。水价由生产水的成本、处理水的成本和税收三部分构成。水价主要采用两种计价方式：按量水表计价和按财产计价。流域通过价格和税收，将水价作为经济手段引入水市场以实现节约用水，广泛应用于水污染控制、生活用水供给、工业用水供给、污水处理、农业用水等多个方面。

11.1.3　取水许可制度

美国西部水资源分配采用取水许可制度，使用水资源应按规定交纳水费或水资源费，由州指定的单位或机构收取。水资源的分配和使用由水的主管部门控制，并在服从国家规定的方针政策原则下进行管理。水资源分配以满足优先权和"有益的"经济活动为原则。从用水优先权来看，几乎西部各州都规定家庭用水优先于农业和其他用水，但在时间上一般根据申请时间的先后被授予相应的优先权。当水资源不能满足所有需求时，水权等级低的用户必须服从于水权等级高的用户的用水需求。

11.1.4　污水排放制度

流域节水制度建设中不仅包括现有水源节约，而且也很注重水污染治理以及再利用。减少水污染及污水排放，是一种间接的节水措施。

欧盟在区域内各大流域颁布实施以下法令及制度：流域管理、水框架法令；城市废水处理法令；危险物质排放法令；硝酸盐法令；洗浴用水水质法令等。对违反以上法令的国家及地区，欧盟委员会对其进行书面警告或处以罚款等强制措施，以确保政策法规的有效实施。

泰晤士河流域在排污控制方面成效显著，泰晤士水业集团投入10亿英镑处理污水，自2000年以来，该集团的废水排放水质达标率一直保持在99％以上。

11.1.5　公众参与及节水宣传制度

国外几乎所有成功的流域在节水制度建设中都特别注重公众参与及节水宣传，在这方面采取了很多有效措施。

澳大利亚墨累—达令流域以及加拿大格兰德河流域注重协会的作用。在流域内成立各种供用水户的协会，协会由对参与流域节水管理感兴趣的个人和组织组成，鼓励社会公众参与水资源管理，根据广泛的公众交流和咨询反映来平衡公共的利益。欧盟和美国侧重于通过法规保障公众参与。

欧盟"水框架法令"提出的口号是"让欧洲的水更清洁,让公民更积极参与"。公众享有的水权利表现为知情权、发表意见权、参与管理权和监督权。田纳西流域每一个区域都有消费者协会,由地方行政人员和一般民众代表组成,对供水公司提供的服务进行监督,提出意见和建议。由广泛代表性的组织机构以及公众的参与对流域节水计划的完成是非常关键的。

国外一些大的流域节水宣传通过多种渠道进行。比如,学校开展各种节水教育活动;利用现代媒体、报告讲座以及各种会议进行节水宣传;节水标志的普遍使用等。国外流域节水宣传根据不同流域实际情况有的放矢开展,促进培育节水文化,提高全民节水意识。

11.1.6 节水技术及产品推广制度

国外各大流域对节水技术及产品推广主要从法规保障、财政政策和宣传力度三个方面进行。

澳大利亚和英国均对新建住宅的节水水平进行法律规定。欧盟颁布法令,强调企业社会责任,采用节水产品认证。国外一些流域设立节水专项资金,用资金补偿方式激励用水户参与节约用水。澳大利亚政府水资源管理部门向每家每户发放节水手册,介绍家庭节水措施,帮助居民更换节水型水龙头和淋浴喷头,安装流量调节器,以减少用水量。美国各地方政府和环保组织向家庭广泛提供节水设备和窍门,对发展旱作及节水农业给予很大的财政支持。如农业灌溉工程的科研、设计等技术方面的费用,全部由政府支付;灌溉工程建设费用政府资助50%,其余50%由地方政府支付或者使用由政府提供担保的优惠贷款;工业生产和居民生活用水的节约也越来越受到重视。另外,一些流域在高校内培养节水技术人才,对相关工作人员进行节水培训等,保障一系列的节水技术被推广使用,使得水资源得到更有效地利用。

11.2 国内流域节水管理制度介绍

我国的流域管理机构根据国家《中华人民共和国水法》及相关法律法规,结合流域实际情况,依法管水,依法节水,全面、深入地开展水资源的开源与节流工作,从总量控制与定额管理、水权管理、水价管理、取水许可管理等多个方面建立健全节水管理制度,转变用水观念,创新节水技术,综合采取法律、经济和行政等手段,建立了政府调控、市场引导、公众参与的节水型社会体系,不断提高水资源利用效率和效益,促进经济社会发展与流域水资源相协调，取得了较好的效果。

11.2.1 做好流域水资源综合规划，指导流域节水工作

流域水资源综合规划是根据经济社会发展需要和水资源开发利用现状编制的开发、利用、节约、保护水资源和防治水害的总体部署，是制定流域内区域规划和专业规划的基础，用以指导、协调流域内节水工作。根据节水工作的需要，结合流域实际情况的变化，流域对规划适时加以修订。

珠江流域水资源综合规划注重河道内与外、左岸与右岸、上游与下游、洪涝与干旱、城镇与农村等的来、供、用、排水的量与质的协调平衡，致力减轻或化解水资源制约经济社会发展的矛盾，因地制宜地落实可行的工程和非工程措施。

黄河流域水资源综合规划主要内容包括水资源开发利用情况调查评价、需水预测、供水预测、节约用水、水资源保护、水资源配置的总体布局与实施方案、规划实施效果评价等，提出水资源合理配置、高效利用、全面节约、有效保护、恢复和改善河流生态系统的总体布局及对策。

海河流域水资源综合规划是按照总量控制、统筹协调、水量水质并重等原则进行规划，其总目标是做好南水北调工程实施条件下当地水、外调水和其他水源的合理配置，全面推进节水型社会建设，保障城乡供水安全，修复和改善流域河湖的生态环境。

淮河流域水资源综合规划提出了流域水资源可持续利用目标：到2020年基本形成较为完善的流域水资源配置格局，水资源调配能力大为提高；城乡供水条件进一步改善，节水水平显著提高；基本实现水功能区水质目标，解决流域内城乡饮水安全问题；水生态系统得到有效保护。

11.2.2 合理配置水资源，促进流域节水

国内各流域根据各自流域水资源综合规划，遵循高效、公平和可持续性原则，考虑市场经济规律和资源配置准则，通过合理抑制需求、有效增加供给、积极保护生态环境等手段和措施，对多种可利用的水源在区域间和各用水部门间进行调配，实施流域内水资源的合理配置。

流域水资源合理配置的重要内容之一是确定水量分配的优先顺序。现阶段，各流域水资源水量分配的一般原则是：时间上先现状用水户、后潜在用水户（将来增加的需水量）；空间上先上游、后下游，先本流域、后外流域；用水性质上先生活用水、后生产用水、再生态环境用水。

长江流域根据流域可配置水资源总量和环境容量，同时兼顾区域人口、环境、资源、经济等多方面因素，确定各区域的用水权指标，对流域

水资源进行区域间的水量份额配置，授予区域水权，进行流域初始水权的分配。在初始水权分配时，长江流域根据流域内水资源承载能力，首先分配和确保生态用水和环境用水，其余水量作为生产和生活用水，并注意保留一部分用水权指标，作为经济社会发展的水资源储备，以实现流域经济社会的可持续发展。

海河流域作为总体上资源性缺水地区，根据《中华人民共和国水法》的有关规定，流域管理机构组织制定并完成流域跨省河流的水量分配方案，指导流域内各区域的初始用水权划分，合理配置水资源，有效地推动流域内各区域实行资源环境与经济社会相协调的可持续发展模式，积极采取节水措施，推进经济布局和产业结构的调整，提高水资源的利用效率和效益。

11.2.3 做好用水定额管理，实现用水总量控制

用水定额管理是水资源管理和节水管理的重要内容。确定科学的用水定额，不仅可以规范用水，更重要的是可以引导全社会提高用水效率，进而实现水资源的可持续利用。

当前，对于水资源缺乏地区，用水定额制定主要以促进节水为主要目标，鼓励人们提高用水效率，以实现水资源的可持续利用。限定水资源在产业及行业中的分配比例，限制高耗水行业的用水，逐步实现工业用水的零增长用水模式。在用水定额制定方面，主要采用我国传统的用水定额计算方法，并根据可利用水资源总量，按照"以供定需"的方法计算各行业用水量。对于水资源丰裕地区，用水定额制定要以促使人们合理用水，减少废污水排放量为主要目标，从水污染治理、水资源开发利用与用水的边际成本角度进行研究。

由于各流域的水资源条件不同，该制度在具体实施过程中的管理思路也是不同的。黄河流域的相关缺水区域，由于水资源量有限，所以先从宏观上控制住总量，然后按不同部门、不同行业和不同用水户层层分解指标，最后用核算出的定额来实现微观管理。而长江流域的相关水资源量丰富地区，则是先制定符合地方实际的、科学合理的定额指标体系，然后按不同用水户、不同行业和不同部门层层核算用水总量，确定总用水量，通过微观定额管理来实现宏观总量控制。

从水资源综合管理的角度看，行业用水定额是水资源综合管理中的微观控制指标，是流域水量分配及水权管理的基础。但是我国目前流域管理还相对比较薄弱，未制定流域用水定额制度，而是以各省自行出台的用水定额作为开展节水、水量分配等工作的基础。因此，现阶段用水定额管理

淮河流域节水型社会建设与制度体系研究

体制目前还是以区域（各省级行政区）出台的用水定额为主，流域管理机构应当积极参与到用水定额管理事务当中来，在用水定额管理中起到指导作用。

11.2.4　改革水价管理，发挥价格杠杆作用

水价管理是流域节水管理的一项重要环节。合理的水价可以抑制不必要和不合理用水，促进水资源合理分配，同时提高水价以后增加的收入可用于开发新水源，用于供水系统的完善和节水措施的建设，使用水和节水逐步走上良性循环的道路。流域、区域节水管理工作实践表明，水价提高10％，用水量就下降3％～5％。

我国的水价形成机制大体上经历了公益性无偿用水、政策性低价供水、按供水成本核算计收水费、商品供水价格管理等阶段。今后水价体制改革的重点和关键在于水价形成机制改革，即以完全成本定价为最终目的，逐步完善水价形成机制。大力推进阶梯式水价制度即超额累进加价制度、实行丰枯季节浮动水价等是水价改革的重要内容。

海河流域各地区通过水价调整，积极做好水资源优化配置、节约和保护。北京市综合水价由1999年的1.5元/m³提高到了2004年的5.04元/m³，特别是大幅度提高了高耗水行业的水价。天津市自1997年以来，先后六次上调自来水价格，三次上调地下水水资源费，同时积极运用市场手段，尝试对节约下来的用水指标进行有偿转让，促进了水资源的优化配置。山西省自2004年7月1日起按照不同用水行业，调整了地下水资源费征收标准。内蒙古自治区将"水的使用权可以有偿转让"写入地方性法规，通过转让部分农业用水权给电厂，取得了农业节水和经济发展双赢的效果。辽宁省积极推行水价改革，不断完善水价形成机制，体现了水资源的稀缺性和商品属性，同时鼓励工业企业通过投资灌区节水改造进行水权置换。

据国家发改委统计，目前全国661个设市的城市中，只有近80个城市在部分居民中实行了阶梯水价。2006年9月武汉开始实施阶梯水价改革。具体的收费方式为，根据居民整体用水情况，将水费按照人均用水量实施三个档次的递增式收费，不同档次的用水价格最多相差近一倍。全国人大法律委、法工委调研的14个城市中，北京、天津、上海、沈阳等十个大城市均未对居民生活用水实行阶梯水价。

各流域均应贯彻落实国务院关于利用价格杠杆促进节约用水的要求，适时、适地、适度调整水价，建立完善的价格制定、审批、管理制度，规范价格管理。

11.2.5 推广农业节水灌溉技术，转变农业用水战略

在全国各行业耗水量中，农业用水量占供水总量的70%左右，所以，促进农业节水对节水工作具有举足轻重的作用。

各地区实施"重点投入、择优扶持"的投资政策，充分挖掘现有投资潜力，拓宽投资渠道，加大高效农业科研投资力量。建立科学的节水高效水价体系，提高节水高效农业技术创新能力，推动节水设备和服务产业化。

各地区推广农业节水灌溉技术。一是采取工程技术措施减少灌溉水的渗漏流失，提高灌溉效率；二是采取工程、农业和管理的综合节水措施，降低水分蒸发量，提高农作物的水分生产率。采取综合节水措施，减少农业水分蒸发量，提高农作物水分生产率。

黄河流域坚持发展现代节水灌溉农业，实现从传统的粗放型灌溉农业和旱地雨养农业到以建设高效节水的现代灌溉农业和现代旱地农业为目标的农业用水战略。在黄河上游地区，主要是在配合农业种植结构调整的基础上，重点发展特色节水农业，其农业节水技术的重点在于"蓄"，在蓄水的基础上节水，保证经济效益高的作物的需水量，提高天然降水利用效率；在黄河中游地区，在某些地区或在干旱年份配合覆膜、秸秆覆盖等农艺节水措施实行非充分灌溉制度；在黄河下游地区，因年降水量较多，水资源较上中游地区相对丰富一些，灌区借助技术改造，进行农业结构调整，发展优质、高效农业，大力推行节水灌溉制度。

11.2.6 实施节水工程，推广节水项目建设

为治理甘肃石羊河流域极度恶化的生态环境，国家发改委和水利部通过实施水资源配置保障工程、灌区节水改造工程等各项措施，降低流域用水量，提高总节水量，降低流域水资源利用消耗率。在石羊河流域治理的过程中，形成了一套富有特色的节水项目实施推广机制。

① 建立节水项目推广机制。一是以点带面，合理布局，促进滴灌推广；二是奖补结合，拓展工程建设融资渠道；三是完善服务，排解工程管护后顾之忧。

② 完善项目建设激励机制。一是在节水项目区实施中，根据不同的区域，优先安排群众积极性较高的区域；二是流域市、县级财政尽量保证节水项目的配套部分，减轻农民的自筹负担；三是节水项目完工后，明确项目产权、使用权和管理权，及时将项目交付给当地水管部门、乡村和群众，使工程及时运行，群众及时管理，以鼓励项目建设的积极性。

③ 规范节水项目约束机制。一是根据国家建设项目资金管理办法，保

证节水项目专项资金专款专用，保障资金正常运行；二是严格节水建设规范化管理，实行"行政监督、法人负责、施工保证、社会监督"的水利工程监管模式，建立健全一系列行之有效的办法和措施，以确保节水改造工程的规范化管理。

④ 加强节水项目运行管理。流域节水项目运行管理，以水管处下设乡水管站为单位，以用水者协会为单元进行管理，水管站负责项目区的设施和运行情况的巡查，及时发现和解决问题。

11.3　中外流域节水管理制度比较分析

比较中外流域节水管理制度，可以发现中外流域节水管理主要有以下异同：

11.3.1　中外流域管理机构职能对比

我国的流域管理机构作为事业单位，必须通过授权才具有水行政执法的法定职权。而授权行为常常是在对区域执法效应评估判断的基础上来确定的，往往滞后于流域管理的具体需要，从而在一定程度上制约了我国水资源的合理开发、利用、治理、配置、节约和保护。

欧美等许多国家的流域管理机构多经立法途径被授予很大的管理权限。最典型的是美国的田纳西河流管理局。1933 年，美国国会授予田纳西河流管理局全面负面该流域内各种自然资源的规划、开发、利用、保护及水工程建设的广泛权力，具有相当大的独立性和自主权，自然也包括对流域节水管理的权力。至今，田纳西河流管理局仍以原来由国会赋予的形式和权力存在。田纳西河流管理局模式对中国流域节水管理仍有重要借鉴意义。

11.3.2　节水管理体制对比

欧美发达国家已经在节水活动中形成了一整套有效地法律、经济和道德三管齐下的节水管理体制。在中国，节水管理工作刚刚起步，国家一直强调要加强法律手段、经济手段和道德手段相结合，建立起一套全面、立体、有效的节水管理体制，但是工作的实施效果并不显著，各大流域均处于摸索前进阶段。具体对比如下：

（1）节水管理法律法规体系完善程度对比

国外流域节水管理大都通过立法等制度安排形式，建立了一套较系统的水法律、法规，规范水资源的开发利用和节约保护活动，以保障每个人对水资源使用的权利，对水资源节约使用进行规范，以保障在生产生活中合理节约使用水资源。而中国，亦有节水管理相关法律法规，但其不是以单独的法律形式存在，而是散见在一些法律及规范性文件中，尤其缺少针对流域层面的节水制度法律依据。

美国、澳大利亚在联邦和州层面分别制订相关法律，形成了体系完善、层次清晰的水法律体系，明确水资源使用的权利和义务，制定公共用水节水规划，规定水资源开发利用的方向并对用水量进行管理，鼓励非传统水资源的开发利用等。在促进节水方面，澳大利亚联邦与各州联合制定了《有效用水标识和标准法》，美国国会通过了《田纳西流域管理法》，为田纳西流域管理局实施各种权利提供了强大的法律保证。

（2）水价制度对比

美国、日本、澳大利亚等国家纷纷利用价格杠杆实行计划用水管理，比较流行的是采用累进制水价和高峰水价达到节约用水的目的，建立完善的水价体系，将污水处理、水资源许可等费用计入水价，推行两部制水价，对用水量超过基本定额的用水户进行处罚。我国目前部分地区开始实施累进制水价，在利用价格杠杆方面则主要表现为水资源费征收不到位、水价补偿机制不健全、供水成本不实、供水价格没有反映供水成本的变动、定价办法不科学等方面。

（3）水权交易制度对比

美国等西方国家水资源管理或节水管理中引入市场机制，建立可交易的水权制度，成为改进水资源配置效率的重要制度措施。而中国，水资源供需矛盾日益加剧，借助水权转让、以市场方式配置水资源的客观需求日趋强烈，但相应的调节、规制手段都尚未建立起来。

美国建立了"水银行"制度，将每年来水量按水权分成若干份，以股份制形式对水权进行管理，方便了水权交易程序，使得水资源的经济价值得以更充分的体现。澳大利亚的水权可以转让，如可进行临时性或永久性的转让、州内及跨州转让、全部及部分转让。新用水户通过购买水权获得所需水量，剩余水量的用户也可通过转让获得收益。水权转让的价格完全由市场决定，政府不进行干预，转让人可采取拍卖、招标或其他认为合适的方式，同时也可以进行水权的转换。

（4）节水技术的研发和推广力度不同

欧美许多国家把提高农业用水效率作为节水的重点。通过编制详细的农业用水管制规划，对配额用水区的供水和需水进行管制，探索实施了一系列农业灌溉节约用水的制度和技术措施，探索最优灌溉方式，实现智能控制用水。中国的农业节水特别是灌溉节水如上节所述，虽在黄河流域进行了较大力度的管理体制改革和技术推广，但在技术方法上与欧美发达国家尚有差距。

国外流域对节水技术的研发力度要高于我国流域，不仅体现在资金的投入上，同时也体现在对节水研发人才的培养上。国外非常重视与高校的合作，与高校联合培养节水技术研发型人才，建立针对流域实际情况的节水技术研发项目。然而中国只是出台相关文件和政策对节水技术的推广予以经济上的补助和技术上的支持等，手段比较单一。

（5）节水宣传与公众参与方式对比

美国、法国等一些国外公众参与节水，主要体现在公众的水权利表现为知情权、发表意见权、参与管理权和监督权；而我国公众参与主要表现为监督权和检举权。

欧美各国对企业节水和城市生活节水的宣传及节水产品推广的重视主要体现在法律强制规定上。澳大利亚和英国均对新建住宅的节水水平进行法律规定，要求强制安装节水系统。美国和澳大利亚促进公众节水的方法主要是通知并说服用水户获得并使用有效用水的管道器具设备，让用户认识到节水激励的好处，告知用水户管理和操作现有和新器具设备减少用水；而国内鲜有此方面做法及规定。国外流域的节水宣传主要是由流域管理机构负责，根据自己流域的实际情况开展有针对性的宣传内容；而国内流域内节水宣传主要是由各地政府或学校零散开展。国外除地方政府和流域管理机构之外，存在一些第三方组织和协会，通过拨款、赞助、节水信托基金等多种方式设立各种基金，以促进节水宣传的有效进行；而中国各大流域内几乎不存在这种社会组织。

11.4　经验及启示

通过对国内外一些重要流域节水制度对比，可以发现国外流域在节水制度上有很多地方值得我国借鉴，对完善我国流域节水管理制度有着重要的启示。

11.4.1　健全水权交易制度

学习国外水权交易先进经验，结合我国流域内实际情况，水权交易制度的建立及有效实施，必须保证初始水权的公平性，消除可能造成的间接的负面经济影响，加强水利设施的建设和水权信息的公开，以保障水权的需要。在当前国家对水资源拥有所有权的前提下，可选择特色流域进行试点，逐步放开使用经营权，允许进行水权交易。

11.4.2　完善水价定价机制

针对我国水价偏低、定价依据不科学的现状，综合考虑所有权、可供水总量、地域、季节、产业、水质、水务企业的经济效益等因素，确定科学的水价制定依据。完善水价构成，实行差别水价、阶梯水价，优化水价结构，使之符合市场经济规律要求和保护水资源的需要。

11.4.3　建立流域节水利益相关者参与机制

借鉴欧美等国家流域成立各种供用水户协会，鼓励社会公众参与水资源管理，让公民更积极参与管理和监督。在节水型社会建设中，要鼓励社会公众广泛参与水资源管理，调动广大用水户参与水资源管理的积极性，形成民主协商机制，充分发挥社会各界建设节水型流域的作用。在已具备条件的流域，可以设立由国务院有关部门、有关省级人民政府和流域管理机构负责人参加的流域管理委员会，负责协调解决流域治理开发和管理中的重大问题，并建立与用水户代表对话机制，充分发挥民主决策、管理与监督作用，达到公众广泛参与的目的。

11.4.4　完善节水技术及产品宣传推广制度

加大对节水技术研发的资金投入，加强与国内具有水利特色建设的高校合作，在高校内联合培养节水技术研发型人才和管理型人才，共同推进针对流域实际情况的节水技术研发项目的开展。同时，以政策引导和经济手段为辅助工具，促进节水技术的研发和推广。

借助多种渠道，在农业、工业和生活等各个领域全面推行计划用水和节约用水，促进培育节水文化，提高全民节水意识。利用新闻媒体、会议、报告讲座等进行节水宣传，积极引导大众树立可持续的水消费观并不断提升大众节约用水观念。

第12章 流域管理机构节水管理职能的界定

12.1 流域管理在节水型社会建设中的地位

根据前述分析，节水型社会建设开展的节水管理活动是在经济社会系统中对水的社会循环过程进行管理，以提高水的利用效率和效益。节水管理是水资源管理的重要组成部分，并且以水资源管理中的取水管理、用水管理为主要管理环节，以行政区域为基本单元。但由于水的自然流动性和循环性，节水行为及其管理活动在行政区域这一社会系统中运行时，就不可避免地涉及行政区域上下游、左右岸、地表水与地下水的关系，从水源地的开发到中下游、干支流的水资源调度和配置，乃至每个行政区域的退排水，都会涉及相邻区域，甚至从源头到尾闾都会相互作用。也就是说，行政区域的节水活动不能脱离流域系统独立存在，它必然和流域其他区域发生着密切的联系，需要在流域层面进行协调、统一调配和统一监督。节水型社会建设也应当做到流域管理和行政区域管理相结合。流域管理在节水型社会建设中的地位主要体现在以下几个方面。

12.1.1 保障从流域整体上开展水资源的节约与保护，促进流域可持续发展

当前，随着我国经济社会的快速发展，水资源问题特别是水资源供需矛盾和水污染形势加剧已经成为流域性的问题，淮河流域人水争地矛盾多，洪涝干旱交错，河湖关系复杂，水资源节约和水资源保护亟待加强。要以科学发展观为指导，全面协调可持续发展，增强发展的协调性，基本形成节约能源资源和保护生态环境的产业结构、增长方式、消费模式，推进淮河流域水生态文明建设。要坚持流域管理与行政区域管理相结合的水资源管理体制，流域管理是《中华人民共和国水法》明确的关于水资源管理的重要制度，是世界各国水资源管理的重要经验。加强流域管理可从体制上解决我国水资源人为分割的问题，避免水资源的无序开发、过度利用

和水域环境恶化的状况，通过制定流域水量分配方案、编制和组织实施流域规划等；加强水资源的流域统一管理和监督，实现水资源的优化配置、合理使用，维护河流健康，从整体上实现对水资源的节约和保护，促进流域经济社会可持续发展。

12.1.2 全面实施节水管理制度，充分发挥制度的规范约束作用

节水型社会建设要从过度依赖工程建设扩大供给为主转向通过制度建设进行需水管理为主。节水型社会建设的制度包括流域与行政区域相结合的水资源管理体制、总量控制与定额管理制度、取水许可和水资源有偿使用制度、节水减排机制以及水价形成机制等，这些制度都需要流域管理机构履行有关职责，通过分工、协调、合作、指导、监督等方式来保障制度的实施，没有流域管理机构的参与，节水管理的各项制度将无法落实。因此，需要进一步明确流域与行政区域管理职权，强化流域管理机构在流域节水型社会建设中的职责，增强流域管理手段，树立流域管理权威，发挥流域管理机构的应有作用，使节水管理工作覆盖流域、区域和开发利用节约保护监管的各个环节。

12.1.3 指导区域节水型社会建设工作，保障全流域节水目标的实现

当前，淮河流域各省节水型社会建设试点工作取得了明显成效，但发展不平衡，有些省份用水定额标准及管理体系、总量控制指标体系还没有建立和完善；有些省份退排水分阶段控制方案确定的指标与流域分解指标不衔接，各地在法规建设、资金投入、水务一体化进程等方面也存在差距，这些问题的存在都影响了省际间和全流域节水型社会建设的步伐。因此，需要进一步具体对流域管理机构的规划监督职能进行授权，使流域管理机构能按照有关职权加强对流域综合规划和流域节水型社会建设规划落实情况的指导监督和协调，按照有关职权对各省工作进行检查督促和考核，以保障全流域节水目标的最终实现。

12.2 流域管理在节水型社会建设中的作用

建设节水型社会的核心是正确处理人和水的关系，通过水资源的高效利用、合理配置和有效保护，实现流域、区域经济社会的可持续发展。为了实现流域水资源的节约和高效利用，以水资源的可持续利用支撑流域经济社会的可持续发展，流域管理机构在淮河流域节水型社会建设中发挥着极其重要的作用。

12.2.1 组织做好流域规划编制工作，对流域节水型社会建设进行总体部署

流域综合规划和节水型社会建设规划对于流域节水工作的开展具有重要的指导作用。流域综合规划是指根据经济社会发展需要和水资源开发利用现状编制的开发、利用、节约、保护水资源和防治水害的总体部署。节水型社会建设规划是对全流域水资源配置、经济结构和产业布局优化、节水制度体系建设以及重点领域和重点工程节水的总纲性文件。这些规划是流域节水工作和区域节水工作的基础。

编制流域综合规划和流域节水型社会建设规划，就是要统筹协调好全流域生产、生活和生态用水，提高全流域水资源的利用效率，促进流域资源环境与经济社会发展相和谐。流域管理机构在组织编制规划时，要对流域水资源状况、节水形势、节水水平与节水潜力进行综合分析，明确流域节水型社会建设的目标、任务和近远期安排，提出流域水资源配置总体布局和区域重点，确立流域节水法规体系和制度体系，提出工业、农业、城镇生活节水和非常规水资源利用等对策措施。同时，为保证规划的权威性，应明确地方人民政府职责，流域管理机构经过有关授权应对规划的执行情况赋有监督职权，以保障规划执行的强制力和约束力。流域内地方人民政府在制定国民经济和社会发展规划以及城镇发展规划时，要依据流域规划并不能同流域规划确定的有关内容相抵触。此外，还要根据淮河流域节水状况的变化，对规划有关内容适时加以修订。

12.2.2 制定流域水量分配方案，为流域节水型社会建设做好基础工作

以流域为单元制定水量分配方案是《中华人民共和国水法》明确规定的一项确保流域水资源可持续开发利用的重要举措。水量分配方案是流域用水总量控制的基础，也是流域水权制度建设的基础，水量分配关系到流域各省的既得利益，因此，流域管理机构应当高度重视，将其作为流域节水型社会建设的一项重要任务，做好前期基础工作，在流域各省的配合下有序开展。

流域管理机构应依据流域水资源综合规划，以用水总量控制指标为控制，组织制定流域主要跨省河流水量分配方案。组织制定流域水量分配方案时，要做好各省的组织协调工作，充分听取省区的意见，加强协商，协调好上下游、左右岸的关系，协调好经济发达地区和相对落后地区、城市和农村、工业和农业之间的关系。要保证必要的生态用水和环境用水，以水资源条件作为地区经济结构和产业布局调整的必要约束条件。要注意保

留一部分水量指标，预留一部分水量作为未来战略储备。

12.2.3 统一管理流域水资源，加强流域水资源宏观配置和监督

《中华人民共和国水法》明确规定，"国家对水资源实行流域管理与行政区域相结合的管理体制"。这种新的管理体制既尊重水资源具有以流域为单元的自然特性，又遵从经济社会管理以行政区域为单元的政治体制。淮河流域水资源时空分布不均，且人均水资源占有量低，强化流域管理的作用，实施流域水资源统一管理，对于协调好水资源保护与社会经济发展的关系，处理好各个地区、各个部门间的用水矛盾，限制各种不合理的水资源开发利用行为，协调推动节水型社会建设由点到面覆盖全流域，具有十分重要的意义。

加强流域水资源统一管理，推动流域节水型社会建设，流域管理机构应当做好以下几个方面的工作：一是加强流域立法，比如制定《流域管理法》，进一步明确流域管理机构和地方水行政主管部门在流域规划、防洪除涝、水资源调度配置、水资源保护和水污染防治、水土保持和生态建设、河道治理与管理、保障措施等方面的具体权限，明确相互关系，以解决基于地区、部门利益或管理认识差异而产生的行政事权之争，实现水资源优化配置、节约和保护的目标。二是流域管理机构要充分发挥宏观管理职能，以体现流域管理的整体性和有效性。加强对流域规划、流域内各省级行政区域的水量分配、水量调度、直管河道、流域控制性工程、省际边界水资源开发利用管理、省际边界水事矛盾调处等方面的管理。三是加强流域监督工作，要加强对流域内各地区实施《中华人民共和国水法》情况的监督检查，完善对违法行为的处罚机制。强化对地方水资源论证、取水许可审批、水功能区管理、用水计量等行政区域水资源管理工作的监督。四是支持、配合各地做好节水型社会建设工作，检查督促和指导各行政区域因地制宜地开展节水型社会建设工作，确保流域各地在节水行动上的协调一致。要尊重和发挥区域管理的积极性，支持、配合地方人民政府的工作，对跨省行政区域的水事活动做好协调管理。

12.2.4 做好水资源论证、取水许可监督管理工作，直接参与节水管理

建设项目水资源论证制度是伴随取水许可管理工作的不断深化应运而生的，并在实践中不断完善。水资源论证服务于取水许可审批，它与取水许可审批是一个整体，两个环节，是保证取水许可审批科学、合理的依据。水资源论证制度、取水许可制度已成为节水管理制度体系的重要组成部分。水资源论证实现了取水总量控制与定额管理的有机结合，把取水、

节水、排水各个环节进行综合考虑，相关规划对水资源、水环境的影响进行全面分析，在充分考虑流域或区域水资源承载能力和水环境承载能力的基础上，实施水资源的优化配置，为合理规划国民经济和社会发展布局奠定了科学的基础。

12.2.5 进行流域水权制度建设，形成符合社会主义市场经济的节水体制机制

产权制度是市场经济的基本制度。通过产权制度的建立，能够发挥市场配置资源的基础性作用。水权制度正是这样的一个产权制度。通过水权制度建设，可以有效界定、配置、调整、保护和行使水权，明确政府间、政府和用水户间以及用水户之间的权、责、利关系，促进水权合理流转，从而实现水资源的有效配置，促进节水型社会建设。

流域水权制度主要包括水权的分配制度、流转制度和管理制度等，也包括水权实施机制和维护机制等。我国《物权法》、《中华人民共和国水法》、《取水许可和水资源费征收管理条例》、《水量分配暂行办法》等法律、法规、规章，规定了水量分配制度、取水许可制度等，并明确了取水权属于物权的一种，但由于水权制度建设的法律支撑还很薄弱，我国的水权制度还处在探索和初步建立中。流域管理机构要适应形势发展的需要，改变目前流域管理主要单纯依靠行政手段的模式，积极引入市场机制，推进淮河流域水权制度建设，更好地履行国家授予的水资源管理和监督职责。

水权的分配制度是水权制度的基础，可以对用水者的行为产生直接的影响。水权分配制度包括流域向区域、省级区域向市级区域、市级区域向县级区域进行的水权分配，也包括向具体用水户的水权分配。在这个过程中，流域向区域分配水权是一个非常重要的环节，当前，流域管理机构要对水权分配原则及程序、水权分配类型和拥有期限、政府预留水量、水权分配协商机制等进行研究和分析论证，为流域向区域水权分配做好前期工作。

在流域水权分配后，发挥水市场在国家的宏观调控下配置水资源的基础性作用，是完善节水管理机制的重要内容。淮河流域水资源短缺，河流上下游之间、省际之间、城市之间因水资源问题引发的矛盾时有发生。为此，流域管理机构应当建立流域层面的水权交易制度，比如交易者的资格，水权购买者的用水行为限制，提供相应的潜在客户信息，以及水权交易范围等，同时还要加强水权监督。在节水的基础上促进水资源从低效益的用途向高效益的用途转移，促进提高水资源的利用效率和效益，实现水

资源的优化配置。

12.2.6 为公众参与提供平台，健全节水型社会的民主协商机制

节水型社会建设涉及各行各业，为了保障、协调好用水各方利益，必须建立健全民主协商机制，鼓励社会公众广泛参与水资源的分配、管理和监督。公众参与的范围很广泛，不仅指用水户，而且还包括淮河流域各省区、行业、部门，通过公众参与、协商议事，发挥社会公众建设节水型社会的积极性。

根据国内外流域管理的经验，要进行有效的流域管理，需要建立一个利益者参与，在民主协商基础上权威、高效的管理新体制。节水型社会建设要求建立政府调控、市场引导、公众参与的节水型社会体系，为此，流域管理机构应进一步积极探索适合本流域特点的民主协商机制，搭建使流域内涉水部门、地方政府、用水户和民间组织能够以不同的途径共同参与的交流平台，协调解决流域水资源可持续利用、经济社会发展与生态环境保护中的重大问题，充分发挥民主决策、管理与监督的作用，达到公众广泛参与的目的。

12.3 节水管理职能界分的必要性

节水管理是水资源管理中的重要一环。我国 2002 年修订的《中华人民共和国水法》遵循了水资源流域整体性规律，确立了"流域管理与行政区域管理相结合"的管理体制。但从实践中来看，流域管理与区域管理相结合的管理体制并未真正形成，流域管理与行政区域管理之间的关系及流域管理机构与地方行政的事权划分仍欠明确。这一现象在节水管理领域同样存在，并实际影响到节水管理的成效。当前，节水管理主要是由流域内各地方政府主导，流域管理机构发挥的作用极其有限。节水管理工作处于流域和地方分割状态，流域的管理相对薄弱，力度不够。

《全国节水规划纲要》（2001—2010）明确指出："节水应该是地域、流域和行业提高用水总效率的统一体，应该有权威机构在统一的法规和政策指导下，互相配合、互相衔接、互为补充、优化配置，才能实现用水总效率的科学提高。"

因此，如何正确把握流域管理与行政区域管理的"结合点"，科学划分流域管理机构与地方水行政主管部门在节水管理中的具体权限，仍是一个值得深入探讨的话题。

12.4 流域管理机构的法律地位及主要职责

要想科学界分流域管理机构与地方水行政主管部门的节水管理职能，前提是必须正确认识和把握流域管理机构的法律地位及主要职责。

12.4.1 法律地位

虽然流域管理机构的建立在我国已经有几十年的历史，但是流域管理机构的法律地位直至2002年修订《中华人民共和国水法》时才首次在立法中得以明确。我国《中华人民共和国水法》第12条第3款规定："国务院水行政主管部门在国家确定的重要江河、湖泊设立的流域管理机构（以下简称流域管理机构），在所管辖的范围内行使法律、行政法规规定的和国务院水行政主管部门授予的水资源管理和监督职责。"2002年中编办批复流域管理机构的"三定"方案（中央编办发〔2002〕39号）中亦明确指出：流域管理机构代表水利部行使所在流域及授权区域内的水行政主管职权，为具有行政职能的事业单位。

显然，流域管理机构在性质上属于水利部（国务院水行政主管部门）的派出机构，它不具有完全独立的水资源管理权。

12.4.2 主要职责

流域管理机构享有的水资源管理和监督职权来源于两种途径：一是法律、行政法规的规定；二是国务院水行政主管部门的授权。

（1）法律、行政法规的规定

流域管理机构的职权首先来源于法律、行政法规的规定。我国《中华人民共和国水法》、《中华人民共和国防洪法》、《中华人民共和国水土保持法》等法律以及《中华人民共和国河道管理条例》、《长江河道采砂管理条例》、《取水许可和水资源费征收管理办法》等行政法规均明确规定了流域管理机构享有的职能和权限。《中华人民共和国水法》中有20条直接规定了流域管理机构的职责，另有18条明确包含或涵盖了流域管理机构的职责，内容涉及：水资源规划、水资源宏观配置、水资源保护、执法监督检查和实施处罚等。

根据法律、行政法规的相关规定，我国流域管理机构的职权目前主要包括三类：

① 规划类职权。《中华人民共和国水法》授予流域管理机构法定的规划权，并规定了规划审报批准程序。流域管理机构所制定的综合规划和专

业规划应当与国民经济和社会发展规划以及土地利用总体规划、城市总体规划和环境保护规划相协调，兼顾各地区、各行业的需要。

② 行政审批类职权。流域管理机构依法享有行政审批职权，统一管理、许可和审批区域水资源的开发和利用，以实现水资源的可持续利用。其中，取水许可审批是流域水行政审批职权中的核心内容。

③ 执法监督类职权。《中华人民共和国水法》单设一章"水事纠纷处理与执法监督检查"，规定了水流域管理机构及其水政监督检查人员的执法权利和义务，并强化了法律责任。这些规定对流域水资源的开发利用和监督管理提供了法律依据，也为水行政监督执法提供了法律依据。

（2）国务院水行政主管部门的授权

流域管理机构的职权除了由法律、行政法规直接规定以外，亦可来源于国务院"三定方案"等行政授权。目前，我国流域管理机构的一些职责，法律法规并没有明确规定，而是通过"三定方案"或其他授权文件获取的，如对流域控制性水工程的建设管理职责、对节水型社会建设工作的指导职责等。

12.5 流域管理与行政区域管理的节水事权划分

节水型社会建设离不开流域管理机构与地方水行政主管部门的共同推动和努力。节水管理作为当前水资源管理工作的重心，同样应坚持流域管理与行政区域管理相结合的管理体制。如何正确界分节水管理中流域管理机构与地方行政的事权，则成为推动节水型社会建设顺利进行的关键。

12.5.1 流域管理机构与地方行政分权

划分流域与区域的管理事权，首先必须明确流域管理机构的宏观管理职能和直管职能。在履行宏观管理职能时，流域管理机构通过统一规划、统筹安排、宏观指导、监督检查的方式，实施对流域水资源的统一管理。此时，流域管理机构与地方行政是指导、协作和监督的关系。在履行直管职能时，即流域管理机构直接管理对于流域全局水资源配置有重大影响和作用的控制性水利工程以及不宜由地方直接管理的重要河段或容易引起纠纷的省际重要边界河段时，流域管理机构与地方行政是责任主体与配合责任的关系。但从总体上来看，流域管理机构的职权主要体现为宏观管理职权，即使在履行直管职能时，流域管理机构的管理工作亦体现出流域全局性的特点。

因此，在节水管理中，流域管理机构亦应着眼于宏观管理的需求或流域全局性管理的需求，正确认识自身在节水管理中的地位和作用，开展与宏观管理职权或流域全局性特点相符的节水管理工作。地方行政则应结合所处地域特点，具体实施所辖行政区域内的微观节水管理工作。

在此需强调的是，在流域节水管理体系中，行政区域管理是重要的组成部分，因此，不能将流域管理与区域管理分离开来或对立起来，而应在强调管理职权明晰的基础上构建两者之间的和谐关系。即流域管理机构重点抓好流域内带全局性、涉及省际间以及地方难以办到的事，并为流域内各省、自治区、直辖市做好服务。在流域管理机构的直管河段，地方政府仍然有明确的相关职责，即配合流域管理机构管理的职责。

12.5.2 流域管理机构节水管理工作

当前，流域管理机构应开展的节水管理工作主要可划分为以下三大模块（参见图12-1）：

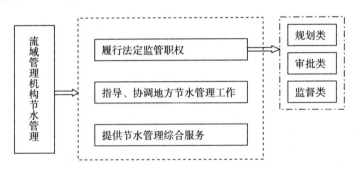

图12-1 流域管理机构节水管理工作模块

模块一：履行法定监管职权

在节水管理中，流域管理机构首先应严格执行法定职权。依照我国现行法律、行政法规的规定，流域管理机构享有的职权主要体现为规划类、审批类和监督类三类职权。上述职权在水管理事务中具体体现为：

（1）组织编制流域综合规划（含流域节水内容），并负责监督实施；

（2）组织拟订流域内省际水量分配方案，实施水量统一调度；

（3）负责流域内取水许可制度的组织实施和监督管理；

（4）负责省界水体、重要水域和直管江河湖库的水量和水质监测工作，审定水域纳污能力，提出限制排污总量的意见，促进污水处理及循环利用；

（5）组织有关专家和单位开展流域内重大建设项目水资源论证审查工

作，并提出审查意见；

（6）负责省界水工程建设的许可和监督管理；

（7）负责国家有关法律法规的实施和监督检查。

模块二：指导、协调地方节水管理工作

在依法执行有关法定监管职权的基础上，流域管理机构需加强对地方节水管理工作的指导与协调。流域管理机构应按照流域综合规划，协调流域社会经济发展与水资源开发利用的关系，处理不同区域之间的用水矛盾，依托控制性水工程，实现科学调度，防止流域内各区域只顾自身利益的用水行为，最大限度地发挥流域水资源的整体效益。

当前，各地节水管理工作进展差异性较大，流域管理机构应着力做好以下工作：

（1）跟踪流域内各省用水定额标准的应用情况，推动各省建立健全用水定额修订机制。

（2）协助各省、市做好水资源费征收工作，加强对水资源费使用的监督管理；在水资源费省际分配比例不能协商一致时，提出有关分配意见并报国家相关部门审批确定。

（3）督促、指导各地开展用水典型调查和必要的水平衡测试。

（4）拟订流域性节水政策法规，协调地方节水立法冲突。

（5）负责与节水有关的省际水事纠纷的调处工作。

模块三：提供节水管理综合服务。

在对地方节水管理工作进行指导和协调的同时，流域管理机构还应充分发挥其公共管理服务职能，为各地提供以下必要的节水管理综合服务：

（1）开展流域节水宣传工作；

（2）建立流域节水激励机制；

（3）负责组织流域节约用水调查、评价；

（4）组织开展流域节水管理信息化建设；

（5）构建流域节水公众参与机制。

第 13 章　淮河流域节水管理制度的设计与完善

13.1　淮河流域节水管理制度的总体设计

13.1.1　制度建设的基本原则

（1）总量控制与定额管理相结合，以定额管理为核心

用水总量控制和定额管理相结合制度是我国《中华人民共和国水法》规定的水资源基本管理制度，也是现阶段我国节水型社会制度体系的基石。但需指出的是，不同流域建设节水型社会的思路应有所不同，因为各流域水资源条件差异较大，区域经济社会发展水平也相去甚远。因此，节水管理制度建设必须紧密结合流域的特点。

在水资源紧缺地区，受制于水资源可利用总量的束缚，用水户和区域的用水指标主要受当地用水总量控制的约束。但在水资源相对丰富地区，鉴于水资源可利用量的约束力不强，促进用水效率与效益的提高就应更多地依靠用水定额管理。用水定额是衡量用水效率和节水水平的重要依据，丰水地区通过严格控制各行业用水定额，并按照用水定额来确定用水户的用水指标；通过严格控制区域综合用水定额，确定区域用水指标。因此，水资源相对丰富地区用水户和区域的用水指标主要通过用水定额来约束，并通过不断提高用水定额水平来提高全社会的用水效率与效益。简言之，以用水定额为基础的水权制度建设是水资源相对丰富地区节水型社会建设的核心内容。

淮河流域属于典型的水质性缺水区，定额管理应成为其节水管理制度建设的核心。定额管理不仅是总量控制的基础，同时也是建立促进节约用水和水资源保护的水价机制的基础。因此，淮河流域节水管理制度建设应贯彻"总量控制与定额管理相结合、以定额管理为核心"的基本原则。

（2）行政与经济手段相结合，重视节水激励

节水管理强调多种管理手段的综合运用。节水管理制度应体现各种有效的管理手段或措施。

节水管理制度建设必须解决节水动力问题。节水动力通常来自两个方面，一是内在节水动力，即社会成员因道德指引或经济激励而自觉、自愿地去节水；二是外界节水压力和推力，即通过行政约束，使社会成员感受到节水压力，从而推动其采取节水措施。当前，许多地方仍主要依靠行政手段推动节水，市场在水资源配置中的基础性作用未得到充分的发挥，水资源开发利用的主体欠缺节水的内在动力，公众未真正参与到水资源管理中来，水资源短缺、水污染等主要问题得不到有效解决。

作为流域管理机构，淮河水利委员会一方面应依法或依授权行使水资源统一管理的行政职能，监督各地遵循流域规划，实施水资源的开发利用，提高水资源的利用效率；另一方面更应关注经济手段的运用，通过设置科学的节水激励制度，如超用加价、节约有奖、转让有偿等，充分调动各地区及各用水户的节水积极性，使节水成为自发、自觉、自愿的行为。唯有将节水动力内化，才能有效推进节水型社会建设的进程。

（3）节水与防污相结合，倡导再生水利用

淮河流域属于水资源较为丰富的地区，但水污染严重，污水排放量大，直接关系到饮用水安全。因此，淮河流域节水管理应注重节水与防污相结合。

水资源的节约一方面有赖于"节流"，另一方面还应重视"开源"。淮河流域的"开源"应着眼于促进再生水的利用，以扩大可利用的水资源量。因此，推进污水处理后的循环利用应成为淮河流域节水管理的重心。

淮河流域节水管理制度建设应充分考虑节约用水与控制排污的关系，将排污量控制指标作为确定用水总量控制指标的重要参考，对排污企业采取更加严格的用水定额管理，以促进节水和污水治理的同时并举。

13.1.2　制度建设方式

淮河流域节水管理制度建设应采用两种方式同时并举：一是制定淮河水利委员会内部节水管理工作制度，细化流程，规范自身节水管理工作；二是草拟流域性法律制度，争取以行政法规或规章的方式明确节水管理中流域管理机构的具体职责，并完善有关节水管理制度，以指导地方节水管理工作。

（1）制定内部工作制度

虽然我国《中华人民共和国水法》等法律法规赋予了流域管理机构统一管理流域水资源的职权，甚至针对流域规划的制定、取水许可的审批等重大问题做出了较为细致的规定，但从淮河水利委员会自身的工作需求来看，仍有必要制定内部的节水管理工作制度。

内部工作制度不具有对外的约束力，其制定的目的仅在于为流域管理机构的日常节水管理工作提供依据并加以规范。因此,淮河水利委员会内部节水管理工作制度应主要围绕内部节水管理体制及一些常规性节水管理工作流程做出具体规定,如内部节水管理责任主体的设置、节水管理工作的具体内容、具体工作流程和要求、节水管理工作绩效考核等。

(2)草拟流域性法律制度

① 流域性立法的必要性:流域管理缺乏权威

目前,由于流域管理机构作为国务院水行政主管部门的派出机构,在国家行政序列上不是一个行政机构,是具有行政职能的事业单位,因此不享有完全的管理和处理流域有关水资源事务的自主权,控制流域水资源分配的实际权力、监控权、执行权都十分有限。

在此情形下,若仅仅依靠"流域管理与行政区域管理相结合"这一《中华人民共和国水法》的原则性规定,根本无法明确流域管理机构在节水管理中的具体地位及职权。流域性立法层次的欠缺,使得流域管理机构在节水管理中欠缺权威性,对地方节水管理工作的协调、指导能力薄弱,缺乏必要的制约手段,流域管理机构的地位沦为虚化。因此,必须通过立法方式确立流域管理机构在节水管理中的权威性。

② 流域管理机构无立法权:草拟并上报水利部

按照我国《中华人民共和国立法法》的规定,流域管理机构无权针对流域管理制定有关的法律法规。流域性立法只能通过国务院水行政主管部门制定有关行政法规和规章。因此,淮河水利委员会自身并无特定的立法权,不能独立制定反映淮河流域特点和节水管理需求的法律法规。

2008年7月10日印发的《国务院办公厅关于印发水利部主要职责内设机构和人员编制规定的通知有关规定》(国办发〔2008〕75号)指出:水利部负责节约用水工作,拟订节约用水政策,编制节约用水规划,制定有关标准,指导和推动节水型社会建设工作;水利部内设的政策法规司负责起草水利法律法规草案和部门规章并监督实施;长江水利委员会、黄河水利委员会、淮河水利委员会、海河水利委员会、珠江水利委员会、松辽水利委员会、太湖流域管理局为水利部派出的流域管理机构,在所管辖的范围内依法行使水行政管理职责。

因此,淮河水利委员会作为水利部的派出机构,可草拟有关流域性管理法规(内含节水管理的具体详尽规定),并上报水利部,争取以行政法规、规章的方式正式颁布。这是确立流域管理机构管理权威的必要前提之一,即以流域统一性立法的方式就一些基本节水管理要求做出明确要求,对地方节水管理产生约束力。

13.1.3 制度建设框架

淮河水利委员会应着眼于流域管理机构的管理职能,以国家立法所确立的重要制度为基础,参考并推广地方节水立法的一些先进做法和经验,确定其节水管理制度建设的主要框架。

当前,淮河水利委员会的节水管理制度主要由三部分构成(详见图 13 -1):①国家立法已确立的较为完善的节水管理制度;②国家立法虽有明文规定,但较为原则、抽象,仍需继续细化或完善的节水管理制度;③国家层面尚无立法规定,需要流域管理机构新增设的节水管理制度。

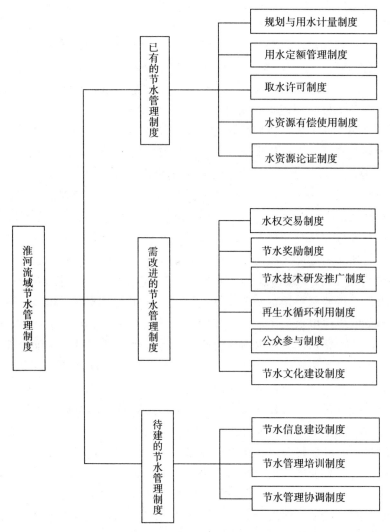

图 13-1 淮河水利委员会节水管理制度建设框架

淮河流域一方面应严格执行国家立法已确立的基本节水管理制度，加强执法力度；另一方面必须积极推进具体节水管理制度的完善及创新工作。只有如此，才能满足流域节水型社会建设的迫切需求。

13.2 淮河流域节水管理制度的完善

13.2.1 需改进的节水管理制度

（1）水权交易制度

要提高水资源的利用效率和效益，实现水资源的可持续利用，支撑经济社会的可持续发展，就必须要充分发挥市场机制对水资源配置的基础性作用。水权制度是现代水管理的基本制度，涉及水资源管理和开发利用的方方面面，具体包括水资源所有权制度、水资源使用权制度和水权流转制度。而淮河流域在水权交易制度方面尚不够完善，亟待改进和细化。

《水利部关于水权转让的若干意见》（水政法〔2005〕11号）规定：各级政府及其水行政主管部门依法对水资源实行管理，充分发挥市场在水资源配置中的作用，建立政府调控和市场调节相结合的水资源配置机制。《意见》中明确限制水权转让的范围和年限，提出"水行政主管部门或流域管理机构应对水权转让进行引导、服务、管理和监督"。

《水利部关于印发水权制度建设框架的通知》（水政法〔2005〕12号）指出：水权流转制度包括水权转让资格审定、水权转让的程序及审批、水权转让的公告制度、水权转让的利益补偿机制以及水市场的监管制度等。影响范围和程度较小的商品水权交易更多地由市场主体自主安排，政府进行市场秩序的监管。

《水利部关于开展水权试点工作的通知》（水资源〔2014〕222号）指出：坚持社会主义市场经济改革方向，正确发挥市场作用和政府作用，通过开展不同类型的试点，在水资源使用权确权登记、水权交易流转和相关制度建设等方面率先取得突破，为全国层面推进水权制度建设提供经验借鉴和示范。本次选取7省区进行试点，试点期为2～3年。

目前，淮河流域尚未建立具有可操作性的水权流转制度，由此导致水权交易无法贯彻实施。因此，淮河流域会可在以下方面进行尝试：

① 明确水权交易主体资格。水权出让方必须是依法获得取水权并在一定期限内拥有节余水量或者通过工程节水措施拥有节余水量的取水人。水权交易的是取水权。直接取用淮河干支流地表水和流域内地下水的取水

人，依法向具有管辖权的淮河水利委员会或地方水行政主管部门申请领取取水许可证，并交纳水资源费，取得取水权。

②明确水权交易条件、具体程序及规则。具体内容包括：不同类别水权的范围、转让的条件和程序、水权交易期限、水权交易规则和交易价格等。此外，还应规范水权转让合同文本，统一水权转让合同文本格式，提供示范内容。

③建立水权转让协商制度。水权转让是水权持有者之间的一种市场行为，而政府是水权转让的监管者，故需建立政府主导下的民主协商机制。

④建立水权转让第三方利益补偿制度。水权转让对周边地区、其他用水户等造成的影响，应明确进行评估、补偿的办法。

⑤建立水权交易生态影响评估制度。有管辖权的水行政主管部门在审批水权交易时，需对交易可能产生的生态环境影响以及交易双方的用水合理性做出评估。

⑥实行水权转让公告制度。水权转让主体对自己拥有的多余水权进行公告，有利于水权转让的公开、公平和效率的提高，公告制度要规定公告的时间、水量水质、期限、公告方式、转让条件等内容。

⑦建立水权交易违规惩罚制度。对各省实际耗水量长期超过年度分水指标或未达到同期规划节水目标的、不严格执行淮河水量调度指令的、越权审批或未经批准擅自进行水权转换的，须有相应的惩罚制度。

（2）节水奖励制度

节水奖励，即是对节水成效明显的单位或个人进行物质或精神奖励。《中华人民共和国水法》第11条明确规定：在节约水资源方面成绩显著的单位和个人，由人民政府给予奖励。《取水许可和水资源费征收管理条例》、《城市节约用水管理规定》以及其他由国务院、水利部、国家发改委等颁布的规范性文件中都提到给予节水成绩显著的单位和个人奖励，以提高节水参与的积极性。由此可见，节水奖励制度是节水制度建设的激励性保障。

现阶段，淮河流域的一些地方政府已经出台了对节水效果明显的企业或个人实行资金奖励的政策。《安徽省城市节约用水管理办法》对计划用水户实行节约用水奖励制度：实际用水量低于用水计划指标的，按节约水费的10％～30％奖励节约用水户。淮北、徐州、淮安、泰州、郑州等市的《节约用水管理办法》中明确规定，各级人民政府对在节约用水工作中做出显著成绩的单位和个人应当给予表彰奖励。但缺乏具体可实施的奖励方案，比如奖励资金的来源、奖励获得的条件、奖励额度和等级的设定及奖励评定的要求等。除此之外，其他一些地方政府尚未制定节水奖励制度。

为改善上述制度缺失，淮河水利委员会需出台统一政策，在全流域内建立完善合理的节水奖励制度，从以下几方面着手：

① 明确奖励对象的资格。奖励对象主要包括实际用水量低于用水计划指标的单位和个人、对节水技术研发做出突出贡献的单位和个人、对节水技术和产品普及起到推广作用的单位和个人等。

② 采取多样的奖励形式，采用精神奖励与物质奖励相结合的方式。对流域内节水成效明显的城市地区，可以上报水利部和其上一级的政府主管部门，由其对该地区的相关负责人提出表扬。

节水奖励制度作为节水制度建设的激励性保障，其有效开展能促使社会公众积极参与到节水制度建设中，提高节水技术人员研发的积极性，最终实现节水型流域的创建。

（3）节水技术及产品研发推广制度

《中国节水技术政策大纲》中明确指出节水技术是指可提高水利用效率和效益、减少水损失、能替代常规水资源的技术，是一切能够节省水资源或在相同用水量下获得更多回报的工艺技术措施和管理手段的总称。节水产品在《节水型产品技术条件与管理通则》中被定义为符合质量、安全和环保要求，提高用水效率，减少水使用量的产品。

与国外发达国家相比，我国的节水技术比较落后，节水产品数量较少，加之对节水技术和节水产品的推广途径较少，宣传力度较小，故无法满足普及的需求。此外，有相当部分节水型产品因技术含量低、质量稳定性差及价格偏高等原因，达不到预期的节水效果。因此，积极推进节水技术及产品的研发、推广和应用是建设节水型社会所必需的，对节水技术及产品研发推广制度的建设和完善是十分必要的。

《中华人民共和国水法》、《中华人民共和国农业法》、《中华人民共和国清洁生产促进法》及《中华人民共和国循环经济促进法》中均强调各级人民政府应当推行节水灌溉方式和节水技术，提高农业用水效率；明确规定政府应优先采用节水产品，通过宣传教育等措施鼓励公众购买使用节水产品；餐饮、娱乐、宾馆和建筑工程等行业均应采用节水技术和产品设备；鼓励和支持企业利用淡化海水技术等。《中华人民共和国企业所得税法》规定符合条件的节水项目的企业所得，可以免征、减征企业所得税；企业用于购置节水专用设备的投资额，可按一定比例实行税额抵免。法律规定凸显出国家对节水技术及产品推广制度的高度重视和支持。

国务院以及相关部委通过各种规范性文件对节水技术及产品的研发推

广制度进一步细化。其中,《中国节水技术政策大纲》、《节水型产品技术条件与管理通则》对节水技术和产品推广直接进行明确规定,前者对节水技术选择原则、实施途径、发展方向、推动手段和鼓励政策有比较详细的阐述;后者详细规定了五大类产品节水性能的技术规范和相关产品是否属于节水产品的衡量标准。其他文件对节水技术和产品推广制度的规定散见在文件条款内,主要涉及农业、工业及城市生活节水技术及产品研发推广。此外,在有关部门发布的建设节水型社会的通知中,明确要求各地政府必须优先采购节水产品,加大节水技术及产品的研发投入和推广力度,并将此作为节水型城市考核的条件之一。

淮河流域内部分城市在节约用水办法中对节水技术和产品的推广已有明确规定。例如《山东省节约用水办法》规定县以上人民政府应当采取措施,扶持节水技术、设备和产品的研究开发、推广和利用,对重点节水技术研究开发项目应当优先列入技术创新计划和科技攻关计划;要求新建房屋必须安装符合国家标准的节水型卫生洁具和配件;高耗水行业需安装节水设施,禁止使用明令淘汰的高耗水工艺。

国家层面的法律规定和规范性文件对节水技术及产品研发推广制度有较为详细的规定,但这些已有的规定主要从全局出发,应用于所有流域及地方政府,缺乏针对性和具体可操作性。淮河流域的节水技术及产品研发推广制度需结合淮河流域实际情况,以国家法律规定为依据,制定出有淮河流域特色的节水技术及产品研发推广制度。流域内已有部分地方政府对节水技术及产品研发推广制度有所规定,但多半地方政府并无此相关制度,故应积极推广先行城市已有的管理办法,在全流域内实现节水技术及产品研发推广制度建设。节水技术及产品研发推广制度建设应从以下几个方面入手:

① 加大农业节水技术及产品的推广。淮河流域是我国主要的粮食产区之一,在流域内推进节水灌溉技术的应用及产品的使用,将会带来巨大的经济效益。流域管理机构会需协同各地政府总结、示范和推广有效的农业节水技术,加大渠系改造和节水灌溉投入,提供节约用水的设施和技术保障。在财政上对农业节水项目进行支持,要求各级项目审批单位对农业节水项目要优先立项、增加投入、优先贷款、财政贴息,并对贷款对象、贷款期限和贷款优惠制定详细的规定。

② 明确工业节水技术及产品规定。贯彻执行国家法律规定,坚决禁止工业企业生产、销售国家明令淘汰的耗水量高的工艺、设备和产品。颁布统一政策,引导各省对工业企业节水技术及节水产品的推广制定鼓励措

施，鼓励企业加快节水技术和节水设备、器具及污水处理设备的研究开发，推行清洁生产、促进废水循环利用和非传统水资源综合利用，最终促进企业节水技术进步，实现建设节水型企业。

③ 普及城市生活用水节水技术及产品使用。淮河流域各地区需认真贯彻执行《水利产业政策实施细则》、《城市污水再生利用技术政策》等文件，对城市生活用水节水技术和节水产品的推广做出详细规定，通过法律和经济等手段来促进节水产品的推广使用。一方面，督促地方政府出台政策强制民众使用节水产品；另一方面，联合财政部等部门，给予节水产品财政支持，使其以低成本高质量扩大销售及使用范围；同时，设置专项资金，加大城市污水再生利用技术研究，并推动城市污水再生利用的基础研究、技术开发、应用研究、技术设备集成和工程示范。

（4）再生水循环利用制度

淮河流域再生水的循环利用主要是指污水再利用和中水回用。污水和中水经过处理后，达到一定的水质标准，即可进行循环再利用。建设部《城市中水设施管理暂行办法》中对中水的具体用途、中水设施的配套和中水标识的使用都给出引导性规定，而且规定在中水设施建设管理工作中成绩显著的，由各地人民政府城市建设行政主管部门给予表彰或奖励。建设部、国家经贸委、国家计委《关于印发节水型城市目标导则的通知》中明确指出"建立和完善城市再生水利用技术体系，城市污水再生利用，宜根据城市污水来源与规模，尽可能按照'就地处理、就地回用'的原则合理采用相应的再生水处理技术和输配技术。"水利部颁发的《关于落实〈国务院关于做好建设节约型社会近期重点工作的通知〉进一步推进节水型社会建的通知》中提出各级水行政主管部门要积极推进城镇生活节水工作……要将污水处理回用作为解决城市水源短缺的重要措施，实现由单一的污水处理达标排放向污水综合利用转变，同时强制部分行业进行污水再利用。

当前，淮河流域仅少数城市出台了相应的促进再生水利用的具体制度，如：合肥、淮北、淮安、日照和郑州市，这远远不能满足流域节水管理的需求。构建淮河流域再生水利用机制并细化再生水利用制度，应成为淮河流域节水管理的重心。

① 明确规定优先使用再生水或雨水的情形及行业。主要涵盖景观水体、园林绿化、环境卫生、机动车清洗用水等。

② 鼓励城市居住小区利用再生水。城市建设居住小区，达到一定建筑规模、居住人口或者用水量的，鼓励其采用居住小区再生水利用技术，对

再生水使用达到一定比例的用水户进行奖励。再生水主要用于冲厕、保洁、洗车、绿化、环境和生态用水等。

③ 推广应用建筑中水处理回用技术。城市污水集中处理回用管网覆盖范围外，具有一定规模或用水量的建筑，要求其积极采用建筑中水处理回用技术。

④ 制定再生水利用的宣传和税收减免政策。有关部门对再生水利用程度达到一定比例的企业实行税收优惠政策，并对其进行表彰，以达到宣传效果；对研究开发占地面积小、自动化程度高、操作维护方便、能耗低的新处理技术和再生水利用技术的产品减免税收，促使其推广使用。

⑤ 加强市政环境再生水信息管理。鉴于市政环境用水在城市用水中所占比例有逐步增大的趋势，有关部门应记录再生水利用的详细信息，依此进行横向空间上和纵向时间上的比较，找出市政环境中再生水利用中存在的问题，制订应对措施及改进方案，促进市政环境节水。

（5）节水公众参与制度

节水公众参与是指社会群众、社会组织、单位或个人作为主体，在其权利义务范围内有目的地参与到节水制度建设中来。公众参与节水通过三个方面来表达：①它是一个连续双向地交换意见的过程，以增进公众了解政府机构的节水制度建设、集体单位和私人公司的节水制度实施；②政府将节水项目、节水规划、节水政策制定及评估活动中的有关情况随时完整地通报给公众；③政府积极地征求全体公民对节水制度建设和实施的意见和建议，推进公众参与的各种手段与目标。节水制度的建立和实施，必须依靠社会公众和社会团体最大限度地认同、支持和参与。

《中华人民共和国清洁生产促进法》中提到国家鼓励社会团体和公众参与清洁生产的宣传、教育、推广、实施及监督。国务院及其所属部门颁布的水行政法规及地方性法规中虽提到公共参与，但均未明确涉及公众参与节水制度。淮河流域地方政府亦倡导公众参与，号召个人及社会组织参与到节水管理中，但是并未有制度保障。

借鉴国外节水公众参与的先进经验，淮河流域可从以下几个方面开展节水公众参与制度建设：

① 拓宽公众参与的渠道。在节水制度建设中，坚持公众参与是制度有效实施的保障。有关部门或单位通过电子政务建设、举办座谈会、研讨会、听证会等形式，主动就节水制度问题与民众磋商，以保障节水制度的有效运转。如可开设一个专栏，就节水制度建设问题与参与公民进行有效沟通；对于重大的节水项目认证可通过听证会的形式促使公众参

与；邀请节水方面专家或者节水协会相关人员参与节水制度建设研讨会等。

②明确公众参与权利。我国法律明确规定公众享有对节水制度建设的监督权，而公众参与权利还应该包括公民知情权、发表意见权等。例如在西方发达国家，公众享有的水权利表现为知情权、发表意见权、参与管理权和监督权。淮河流域可根据实际情况，适度拓宽公众参与权利，尤其是公众参与的知情权。通过电子政务信息平台或通知公告等形式，将节水项目、节水规划或节水政策制定以及评估活动中的有关内容有效地传递给公众，鼓励公众积极参与制度建设。

③采纳公众的合理意见和建议。认真听取公众提出的合理意见和建议，并付诸实施。对于有争议的节水项目及制度建设，经有效协商和研究，最终达成一致。

④重视用水者协会等非政府组织的作用。鼓励淮河流域用水者协会的建立，使之成立与运作合法化，起到连接政府与公众的桥梁作用。

⑤公众参与制度建设与其他制度相结合。将公众宣传与节水文化建设相结合，通过宣传和教育，使公众知悉自己在节水管理中享有的权利，鼓励公众广泛、积极地参与节水管理，增强公众参与的意识。将公众参与和节水奖励相结合，淮河流域可根据已有奖励政策，对积极参与节水制度建设的个人和企业，给予物质或精神上的奖励，以提高公众参与的积极性。

节水管理制度的建立和实施离不开社会公众和社会团体的认同、支持和参与，社会公众参与制度需对公众参与渠道、参与内容等进行详细规定，并与其他的节水制度相结合。

（6）节水文化建设制度

节水文化建设主要通过节水宣传和节水教育两种方式展开。其中，节水教育重在针对学校开展具有丰富内容和思想性的系列活动，加强对学生节水意识及节水行动的教育和引导。节水教育的对象主要是青少年。青少年是祖国的未来和希望，所以节水教育的有效开展将关系到我国节水文化的建立与否，节水制度的有效实施与否。节水宣传主要是在社会各界加强节水文化的推广，形成政府调控、市场引导、公众参与的综合节水管理体制。

《中华人民共和国清洁生产促进法》、《中华人民共和国循环经济促进法》和《中华人民共和国抗旱条例》中均直接或者间接地对节水宣传和节水教育问题做出了原则性的规定。

当前，节水文化建设制度在淮河流域的一些地方立法中已有所体现。某些学校亦尝试性地开展了节水教育活动，如淮安市教育局办公室印发的《市教育局创建节水型机和学校实施方案》中规定节水教育是德育教育的重要组成部分之一。山东省将节水宣传制度化，其他一些地方政府发出节水宣传倡导，但是并无相关制度规定。淮河流域节水文化建设只是以零散的形式存在，没有统一的制度规定，尚处于起步阶段，相关制度有待细化。

积极推动流域节水文化建设，其节水文化建设制度应主要包含以下内容：

（1）节水宣传。应针对节水宣传的内容做出具体规定。如：节水宣传应包括缺水形势和节水意义的宣传，节水法律法规及有关政策的宣传，节水型社会建设内容和措施的宣传，各级党委政府重视和推动节水型社会建设的宣传及节水知识、节水经验和节水模范的宣传等。

（2）节水教育。明确规定将"资源节约"纳入中小学教育、高等教育、职业教育和技术培训体系，使资源节约教育成为教育内容中不可缺少的部分。针对不同年龄阶段的学生，采取合适的教育方式，开展相应的节约用水课程教育。比如利用学校宣传栏、班级黑板报等开展"关爱命脉，节约用水"的主题宣传；组织师生观看我国水资源利用形势及节约潜力方面的宣传片；在中小学开展"节水伴我在校园，我把节水带回家"活动；针对不同年级开展节水演讲比赛、征文大赛、节水主题班会、专题讨论会、知识竞赛、夏令营和社会实践等活动。此外，可倡导建立节水教育基地，进行节水教育试点。

此外，应借鉴国外及其他流域节水文化建设的先进经验，在制度建设中考虑节水文化建设与节水技术及产品推广相结合、节水文化建设与公众参与相结合、节水文化建设与节水奖励相结合等。通过节水文化的培育，使节约用水成为每个社会成员的自发、自觉、自愿行为。

13.2.2 需增设的节水管理制度

（1）节水管理培训制度

节水节水，培训先行。通过各种形式的节水管理培训，可以使节水管理工作人员全面了解相关法律法规及政策，掌握科学的节水管理方法，提高节水管理工作效率；通过对流域内重大用水户开展节水技术培训，可以使其更加科学合理地用水、节水，提高水资源利用效率。因此，淮河流域各地应尝试建立节水管理培训制度，针对流域内各地方区域的相关节水管理人员以及流域重大用水户开展不同形式的节水管理培训。

目前很多单位和企业已开展节水管理培训工作，但开展力度有限。可考虑将节水管理培训制度化，从立法上保障节水培训工作的实行。具体的节水管理培训制度建设可从以下几个方面展开：

① 制定节水管理培训制度。单位和企业将节水培训纳入各自的制度体系，制订培训规划，编写培训教材，加强节水教育。

② 加强节水管理人员培训。对企事业单位负责人、节水管理人员进行不同层次的教育和培训，并加强节水执法监督人员和检测机构人员的培训工作，不断提高相关人员节水的技术水平、执法监督水平和服务水平。

③ 明确节水管理培训内容。具体节水培训内容需涵盖与节水有关的政策、法规和工作方法等。另外，还应包括水资源与可持续利用、依法管水、用水综合管理、自建供水设施管理、节水技术管理、节水项目"三同时"管理、节水技术改造等。

④ 采用多元化节水管理培训方式。具体培训方式可结合实际情况，灵活采用面授与现场答疑、节水法规宣讲与节水型先进单位经验介绍等方式进行。

节水管理培训工作的开展将有力地促进节水知识和技术的普及应用，成为深入广泛开展节水管理工作的制度保障。

（2）节水信息化建设制度

水利部高度重视水利信息化工作，把水利信息化列为现代水利、可持续发展水利的重要内容，提出水利信息化是水利现代化的基础和重要标志，要以水利信息化带动水利现代化。节水信息化是水利信息化的重要组成部分。节水信息化有利于提高节水工作效率，推进节水决策的科学化；有利于推进依法行政，促进政务公开和廉政建设；有利于社会公众了解和监督节水工作。因此，加强淮河流域节水信息化建设，是淮河流域节水管理制度建设的必然要求，是节水管理与决策的科学性保障。

要做好淮河流域节水信息化建设，还有很多工作要做。当前，需重点从以下几个方面着手：

① 加强节水信息资源整合。节水信息资源整合是节水信息化建设的重要基础，节水信息资源的开发利用是节水信息化最基本、也是最重要的过程。应将分布在不同部门乃至个人手中的节水信息资源整合，形成公共资源，进行综合利用。为此，必须积极倡导节水信息资源共享，大力促进节水信息资源的优化整合。

② 注重用户实际需求。节水信息化建设的最终效果体现在应用上，因此在节水信息化建设过程中，要特别强化需求，紧紧围绕需求进行系统建

设，并把管理创新的思想贯穿于应用开发的始终。注重用户实际需求，始终将应用作为节水信息化建设的重点，为用户提供个性化服务。在综合需求分析的基础上，进行节水信息化规划和建设，最大限度地发挥投资使用效益。

③ 高度重视节水信息化基础工作。例如高度重视规划和标准化工作，重视节水信息化基础设施建设等。

④ 优选推广节水应用软件。流域各地要认真研究重视节水应用系统的开发工作，加强合作，有计划地组织开发和推广应用具有共性的节水业务应用系统，以保证相关应用的互联互通，从整体上推进节水信息化工作，形成系统效应。

⑤ 加强节水信息安全体系建设。节水信息化制度体系的顺利运行离不开节水信息安全体系的建设。在加强节水信息化建设的同时，还必须建立包括节水信息安全保障制度、节水信息安全管理系统、节水安全保障防范系统等在内的节水信息化安全体系，以保障节水信息化制度的运行。

节水信息化是未来节水事业发展的方向。大力推进淮河流域节水信息化建设，成为淮河流域提高水资源利用效率的发展趋势。

（3）淮委节水管理协调制度

在节水管理过程中，由于不同利益主体（企业、地区、部门、个人等）的用水需求不同，因此不可避免地导致各种用水冲突。为使流域节水管理工作正常开展，必须对出现冲突的相关利益主体进行协调，以解决冲突，促进节水管理工作取得成效。为此，需建立合理的冲突协调机制，采取适当的冲突协调途径对相关利益主体进行协调，以保障流域节水管理措施的顺利实施，维护正常用水秩序。

为解决节水管理过程中各主体的利益冲突，应着手做好以下几方面的工作：

① 建立统一节水机制。通过建立水资源分配的协商机制、区域用水矛盾的协调仲裁机制等，形成有效的节水制度网络，进而建立起全流域统一的节水机制，从立法上解决流域节水过程中的各种矛盾和冲突。

② 建立公众协商与谈判机制。公众须参与到统一节水机制的建立中，通过利益相关者的深度参与，达成一致协议或签订多方合约，实现产权的清晰界定，并利用市场机制实现人与人之间的和谐发展。

③ 建立流域水资源开发利用补偿机制。通过细化节水管理冲突中的利益补偿、成本分摊、损害补偿等制度，以解决淮河流域节水管理过程中水

资源利用所产生的各种与利益主体相关的外部性问题。

④ 加强节水基础设施建设。利用节水工程设施对水资源实现有效控制，如核定水量、水质监测等，以推进节水管理工作的高效开展。

总之，在处理节水矛盾冲突的过程中，必须依据与流域节水目标相一致的用水利益调整政策，对矛盾冲突进行协调。节水型社会的利益协调既要看到用水主体利益的一致性，又要重视主体利益的特殊性。通过有效化解节水管理工作中的利益冲突，促使淮河流域节水工作顺利进行。

13.3　淮河流域节水管理制度的实施保障

管理制度的顺利实施，不仅依赖于制度本身的构建和体系，同时需要配套的实施环境。淮河流域节水型社会建设，重在制度建立，通过建立完善的水资源管理体系，实现节水目标。淮河流域节水管理制度构建涉及国务院水行政主管部门、流域管理机构及流域内各地方政府等多个主体，各方主体利益不同，若没有适当的措施和控制手段，势必出现矛盾和问题，难以保障节水管理制度的实施。因此必须结合各利益主体的力量，推进节水各项工作顺利进行。

13.3.1　水利部门的支持

国家对水资源实行流域管理与行政区域管理相结合的管理体制。国务院水行政主管部门负责全国水资源的统一管理和监督工作，具体行使水利管理职能的部门是水利部。

流域管理机构作为水利部的派出机构，代表水利部行使所在流域内的水行政主管职责。但通过对现有管理体系的分析研究发现，流域管理机构现有的综合能力不能保障流域节水管理制度有效实施，主要包括以下两方面能力：

（1）管理保障

首先，流域管理机构是由国务院水行政主管部门在国家确定的重要江河、湖泊上设立的，它隶属于水利部，不能完全独立行使水资源管理权，因而流域管理机构的节水管理主要是延续和细化水利部的节水管理；其次，流域管理机构在流域水资源整体性宏观管理中发挥的作用十分有限，水资源流域的宏观管理包括开发、利用、节约、保护水资源和防治水害等，水资源管理权的不平衡限制了流域管理机构对流域整体的宏观把握。

（2）法律保障

根据国家法律规定，流域管理机构没有立法权。随着流域管理机构进行国家河流、湖泊等管理工作的参与程度逐渐提高，产生流域管理立法和建立完善的流域管理法规体系的需求。在节水工作管理过程中，由于缺乏具体的法律规定，难以确保流域管理制度的贯彻实施，流域管理机构节水管理和监督的职能凸显薄弱。

对流域内水资源的管理而言，重在对地区间、行业间的监督、协调与指导。因此，具有明确且强有力的法律依据，是流域管理机构开展有效管理和规范自身行为的保证，也是依法治水、依法管水的需要。为管制各级部门严格执行节水管理制度，必须通过法律手段进行保障。但流域管理机构无法直接制定法律法规，需要水利主管部门的支持。

13.3.2　地方政府的配合

《中华人民共和国水法》对水资源规划管理的权责进行规范，强调区域管理与流域管理的结合，开发、利用、节约、保护水资源和防治水害，应当按照流域、区域统一制定规划。流域范围内的区域规划应当服从流域规划，专业规划应当服从综合规划。但细化到节水管理工作，仅规定了"各级人民政府应当采取措施，加强对节约用水的管理，建立节约用水技术开发推广体系，培育和发展节约用水产业，""各级人民政府应当推行节水灌溉方式和节水技术，对农业蓄水、输水工程采取必要的防渗漏措施，提高农业用水效率"等，对各个行政部门间及流域内的利益协调并无具体涉及。

流域节水管理是强调以流域整体利益为核心，以流域水资源可持续化利用为目的的管理。在管理过程中，当流域利益与地方政府利益出现矛盾，或者地方政府之间出现矛盾时，建立流域内冲突协调机制是重要的解决手段。而冲突协调机制的实施，需要流域内各地方政府的积极配合和支持才能得以实现。

13.3.3　公众和社会力量的积极参与

目前世界各国纷纷采取措施，制定有关政策、法规，鼓励用水户更多地参与水资源管理，以改进水利工程的管理体制与运行机制。公众作为自身利益的代表，是水资源管理多元化的表现，也是水资源管理体系的重要组成部分和水资源管理民主原则的具体表现。

公众参与到有关水问题的立法和管理过程中将提高水管理的效率和效果。立法应明确公众参与流域管理的范围、途径和具体方式，以及参与的程序和方法，确保公众的反馈意见得到合理公正的处理。国际上流域综合管理取得成效的国家都十分注重社会各阶层的参与，并将其作为流域综合管理的关键因素。因此，法律应创设一定的机制，使广大社会力量能够有效地参与节约用水工作。

13.3.4 深化水资源管理体制改革

建设节水型社会的关键是形成有利于节水的水资源管理体制。要建立政府调控、市场引导、公众参与的节水型社会管理体制，推进流域、区域和城乡水资源一体化管理。借鉴国际流域综合管理的成功经验，建议在流域层面建立由水利部或流域管理机构牵头，有关省及流域内用水户代表共同参与搭建的水事协商机构，定期解决流域管理与区域管理的矛盾，促进水资源可持续发展。

合理的事权划分是明确界定流域管理机构和地方水行政主管部门的权力和职责、理顺流域管理与区域管理关系的前提条件，是流域水资源管理体制改革的关键。需要通过制度建设，进一步明确流域管理机构和各行政区域水行政主管部门之间在水资源开发、利用、配置、节约、保护等方面的管理范围和事权，促进水资源流域管理与行政区域管理的有机结合，促进流域水资源的可持续利用。

13.3.5 建立节水的激励机制

建立起激励制度，有利于调动他们的节水积极性。激励机制有助于通过每个用水户的参与，达到建设节水型社会的目的。通过不断增强水的忧患意识和节水意识，改变消费观念，形成良好的节水习惯和道德风尚，不断提高节水能力，增强参与节水型社会建设的自觉性和积极性，这是建设节水型社会的基础，也是提高节水效益的重要环节。

为鼓励节水技术的应用，可以允许将通过节水措施、降低用水定额而节约下来的水的使用权依法有偿转让；允许在排污总量范围内，对因积极的污水处理、采用清洁生产技术而剩余下来的排污权进行有偿转让，这对鼓励采用节水技术、减少水资源浪费是有积极作用的。在确定需水量的前提下，可以实行水量的定额控制，对于节约用水者，实行奖励；而对于浪费严重或是用水超标的单位或个人，将给予处罚。通过建立激励机制，鼓励人人参与提高用水效率的工作。

参考文献

[1] 王建华，陈明，等. 中国节水型社会建设：理论技术体系及其实践应用. 北京：科学出版社，2013.

[2] 王文生. 海河流域节水型社会建设实践与探索. 北京：中国水利水电出版社，2013.

[3] 张继群，张国玉，陈书奇，等. 节水型社会建设实践. 北京：中国水利水电出版社，2012.

[4] 王汉祯. 节水型社会建设概论. 北京：中国水利水电出版社，2007.

[5] 节水型社会建设标准指南编写组. 节水型社会建设标准指南. 北京：中国水利水电出版社，2007.

[6] 王景福. 建设节水型社会研究. 北京：中国环境科学出版社，2006.

[7] 毛信康，等. 淮河流域水资源可持续利用. 北京：科学出版社，2006.

[8] 郭培章. 中外节水技术与政策案例研究. 北京：中国计划出版社，2003.

[9] 李清杰，付永锋，李克飞. 黄河流域节水型社会建设探讨 [J]. 人民黄河，2013，(10)：83～85.

[10] 徐春晓，李云玲，孙素艳. 节水型社会建设与用水效率控制 [J]. 中国水利，2011，(23)：64～72.

[11] 王善荣. 节水型社会建设评价方法研究 [J]. 吉林水利，2010，(5)：33～36.

[12] 任杰，阎官发，刘爱荣，等. 郑州节水型社会试点建设评价研究 [J]. 地域开发与研究，2011，(5)：143～145.

[13] 徐海洋，杜明侠，张大鹏，等. 基于层次分析法的节水型社会评价研究 [J]. 节水灌溉，2009，(7)：31～33.

［14］余莹莹，汪永进，梁森，等．基于层次分析法的徐州市节水型社会评价研究［J］．治淮，2014，（4）：15～16.

［15］龚安国，蒋吉．节水型社会的制度建设研究［J］．水利科技与经济，2010，（10）：712～714.

［16］陆益龙．节水型社会核心制度体系的结构及建设［J］．河海大学学报（哲学社会科学版），2009，（3）：45～47.

［17］杨玮，陈军飞，汪慧敏，等．江苏省节水型社会建设评价研究［J］．水利经济，2008，（1）：5～8.

［18］王学凤，李庆海，张树军，等．淮北市节水型社会制度体系研究［J］．中国水利，2009，（15）：40～43.

［19］刘丹，程卫帅，黄薇．长江流域节水型社会制度建设框架体系研究［J］．节水灌溉，2008，（12）：27～29.

［20］邓坚．论流域管理机构在节水型社会建设中的作用［J］．中国水利，2005，（13）：24～26.

［21］王文生，韩鹏．海河流域节水型社会建设若干问题探讨［J］．海河水利，2007，（4）：1～3.

［22］蔡守秋，吴贤静．论节水型社会的法律框架［J］．中国水利，2005，（13）75～77.

［23］李晓西，范丽娜．节水型社会体制建设研究［J］．中国水利，2005，（13）：78～80.

［24］陈莹，赵勇，刘昌明．节水型社会评价研究［J］．资源科学，2004，（6）：83～89.

［25］全国节约用水办公室．全国节水规划纲要（2001—2010）．北京：全国节约用水办公室，2002.

图书在版编目(CIP)数据

淮河流域节水型社会建设与制度体系研究/徐邦斌,王式成著.—合肥：
合肥工业大学出版社,2014.11
ISBN 978-7-5650-2022-3

Ⅰ.①淮…　Ⅱ.①徐…②王…　Ⅲ.①淮河—流域—节约用水—研究
Ⅳ.①TU991.64

中国版本图书馆CIP数据核字(2014)第261264号

淮河流域节水型社会建设与制度体系研究

徐邦斌　王式成　著　　　　　　　责任编辑　权　怡

出　版	合肥工业大学出版社	版　次	2014年11月第1版
地　址	合肥市屯溪路193号	印　次	2014年11月第1次印刷
邮　编	230009	开　本	710毫米×1010毫米　1/16
电　话	总　编　室:0551-62903038	印　张	11
	市场营销部:0551-62903198	字　数	191千字
网　址	www.hfutpress.com.cn	印　刷	合肥共达印刷厂
E-mail	hfutpress@163.com	发　行	全国新华书店

ISBN 978-7-5650-2022-3　　　　　　　　　　定价：25.00元
如果有影响阅读的印装质量问题,请与出版社市场营销部联系调换。